# 과학드림의
# 이상하게 빠져드는
# 과학책

읽다 보면 저절로 똑똑해지는 과학 이야기

# 과학드림의
# 이상하게 빠져드는
# 과학책

김정훈(과학드림) 지음

더퀘스트

# 과학드림의
# 이상하게 빠져드는 과학책

**초판 1쇄 발행** | 2022년 5월 20일
**초판 6쇄 발행** | 2023년 12월 15일

**지은이** · 김정훈(과학드림)
**발행인** · 이종원
**발행처** · (주)도서출판 길벗
**브랜드** · 더퀘스트
**출판사 등록일** · 1990년 12월 24일
**주소** · 서울시 마포구 월드컵로 10길 56 (서교동)
**대표전화** · 02) 332-0931 | **팩스** · 02) 332-0586
**출판사 등록일** · 1990년 12월 24일
**홈페이지** · www.gilbut.co.kr | **이메일** · gilbut@gilbut.co.kr

**기획 및 책임편집** · 유예진(jasmine@gilbut.co.kr), 송은경, 정아영, 오수영 | **제작** · 이준호, 손일순, 이진혁
**마케팅** · 정경원, 김진영, 최명주, 류효정 | **영업관리** · 김명자 | **독자지원** · 윤정아

**디자인** · MALLYBOOK 최윤선, 오미인, 조여름 | **일러스트** · 이유철 | **교정교열** · 장문정
**CTP 출력 및 인쇄** · 예림인쇄 | **제본** · 예림바인딩

ⓒ 김정훈
ISBN 979-11-6521-973-4 (03400)
(길벗 도서번호 090205)

정가 : 18,500원

# 과학을 좋아하는,
# 또 앞으로 좋아할 분들을 위해

어린 시절, 동네 저수지 근처에서 물속에 사는 벌레 한 마리를 잡아 조심스레 페트병에 넣어 가져온 적이 있습니다. 그리고 이튿날 놀라운 광경을 목격했죠. 제가 잡아 온 벌레는 온데간데없고, 페트병 안에는 큰 왕잠자리 한 마리가 있었거든요. 지금이라면 잠자리 애벌레가 탈바꿈(변태) 했겠거니 생각하겠지만, 당시 꼬마였던 저에게 그 장면은 마치 마법처럼 다가왔습니다.

이렇듯 저에게 자연은 어린 시절부터 경이와 신비의 대상이었습니다. 그리고 성장하면서 마법처럼 보였던 경이로운 자연 현상들은 마법이 아닌 '과학'으로 설명할 수 있다는 사실을 알게 됐죠. 그런데 이게 한 꼬마 아이에게만 국한된 일이었을까요?

과거 16세기 지구가 우주의 중심이고 모든 천체가 지구를 중심으로 돈다고 믿는 사람들에게 지동설은 마치 '마법'처럼 느껴졌을 겁니다. 또 인간이 만물의 영장이며 생물은 일종의 사다리처럼 계급화되어 있다고 믿었던 19세기 사람들 앞에 혜성처럼 등장한 다윈의 《종의 기원》은 또 하나의 마법 같은 혁명으로 다가왔죠. 어디 그뿐일까요? 우주가 한 점에서 시작됐다는 '빅뱅', 하나의 전자가 동시에 두 곳에 위치함을 설명하는 '양자역학', 생명의 설계도가 담긴 'DNA의 발견' 등 과학은 늘 우리에게 새로운 마법을 선사했고, 이 마법은 인류를 한 단계 도약시켰죠.

저는 과학이 지닌 매력에 사로잡혔고, 이를 많은 사람에게 알리고 싶어 과학 교사를 꿈꾸며 사범대에 진학했습니다. 그리고 무슨 치기 어린 마음이었는지, 졸업할 때쯤 글로 과학을 전달하고 싶다는 포부를 품고 과학 잡지 기자의 길을 걷게 되었죠. 그리고 현재는 과학 동영상 콘텐츠를 제작하는 과학 크리에이터이자, 과학으로 대중과 소통하는 과학 커뮤니케이터의 삶을 살아가고 있습니다.

## 과학도 재미있을 수 있다

그런데 제가 기사를 쓰거나 강연을 할 때 늘 공통적으로 받는 요청이 하나 있습니다. 바로 과학을 더 '쉽고', '재미있게' 전달해달라는 거죠. 하지만 안타깝게도 과학은 어렵습니다. 과학 비전공자들에게 중력 법칙이나 자연선택 그리고 생명의 적응이나 생리적 기작이 쉽다는 말은 거짓일 테니까요. 다만 과학이 재미있을 수는 있습니다. 살면서 누구나 한 번쯤 자연 현상에 호기심을 품었던 적이 있으니까요. 이 호기심들을 해소하는 과정에서 과학을 잘만 녹여낸다면 '그 과학'은 누구나 공감할 수 있고, 재미를 느낄 수 있다고 생각합니다.

제 유튜브 채널 〈과학드림〉의 콘텐츠와 이를 바탕으로 펴낸 이 책에는 많은 사람들에게 과학이 재미있고 보다 부드럽게 느껴졌으면 하는 바람이 담겨 있습니다. 그래서 주제도 '왜 삼엽충은 모두 사라졌을까?', '사람을 먹으면 안 되는 매우 과학적인 이유', '티라노사우루스의 앞발은 왜 짧았을까?', '얼룩말은 왜 줄무늬를 지니게 됐을까?' 등 익숙한 키워드로 풀었습니다. 질문도 '어? 그러게?'라는 생각이 들 만한 내용으로 구성했습니다. 그리고 글을 풀어나가는 과정에서도 단순한 사실 나열에 그치지 않고 역사적으로 과학자들이 어떤 고민을 했고, 이들 사이에 어떤 논쟁이 있었으며, 그 과정에서 어떤 반전이 있었는지 등 '이야기'를 중심으로 전개했습니다.

## 이야기로 과학을 풍성하게

과학에는 이야기가 있습니다. 학교에서는 '자연선택을 통해 높은 곳의 먹이를 쉽게 먹을 수 있는 목이 긴 기린만 살아남았다'라고 사실처럼 잘 정립된 지식을 가르치지만, 그 안에는 재미있는 이야깃거리들이 많습니다. 기린의 목이 길어진 이유는 지금도 많은 진화생물학자가 논쟁을 벌이는 주제이며, 그 논쟁에는 수많은 분석과 근거, 이론, 반박, 추정 등이 더해집니다.

또 우리는 '삼엽충은 고생대를 대표하는 화석'이란 사실에 익숙하지만 삼엽충의 멸종 스토리에 대해선 아는 게 거의 없죠. 그런데 사실 삼엽충은 공룡만큼 박진감 넘치고 흥미진진한 멸종 스토리를 담고 있는 동물입니다. 어쩌면 우리가 학창 시절을 거치며 과학을 점점 더 어렵고 지루하게 느끼게 된 이유는 과학적 사실을 둘러싼 '이야기'를 들을 기회가 없었기 때문인지도 모릅니다.

이야기에는 큰 힘이 있습니다. 화려한 액션이 없어도 스토리가 훌륭한 드라마나 영화가 많은 사랑을 받는 이유도 우리의 마음을 쥐락펴락하는 이야기를 담고 있기 때문이죠. 저는 이 책을 통해 과학이 유명 드라마나 스릴러 못지않게 생동감 넘치는 이야기들로 가득하다는 사실을 많은 독자분들께 알리고 싶습니다. 그래서 예전에는 과학을 좋아했지만, 점차 과학과 멀어져 갔던 분들이 이 책을 통해 조금이나마 자연과 동식물에 대한 어린 시절의 설렘을 되찾았으면 하는 바람입니다. 또 지금도 과학을 좋아하는, 혹은 앞으로 과학을 좋아할 분들에겐 과학의 마력(?)에 더욱 흠뻑 빠지는 계기가 되길 바랍니다.

우리는 다양한 틀로 세상을 바라봅니다. 역사적 시각으로 문화와 유적을 바라보기도 하고, 때로는 경제란 틀 안에서 세계 각국의 동향을 파악하기도 합니다. 또 나름의 예술적 잣대로 음악과 영화, 미술작품을 감상하죠. 그런데 과학은 전문적이고 어렵다는 이유로 많은 대중에게 외면받아왔습니다. 하지만 과학이란 안경은 우리에게 마법을 선사합니다. 이 안경을 쓴 채 밤하늘을 올려다보면 상상조차 하기 어려운 수백 억 년의 역사가 펼쳐지고, 우연히 발견된 화석 한 점에서 수억 년 전 광활한 대륙을 누비던 공룡 한 마리의 인생사가 보이기도 합니다. 우리를 이렇게 가슴 뛰게 만드는 안경이 또 있을까요? 이 책이 여러분에게 그런 안경이 될 수 있길 조심스레 기대해 봅니다.

2022년 5월

과학드림 김정훈 드림

**Contents**

**CHAPTER 1**

# 사람은 왜 이래?

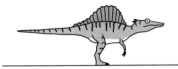

# 공룡은 왜 이래?

# 동물은 왜 이래?

# 곤충은 왜 이래?

# 식물은 왜 이래?

# CHAPTER 1

## 사람은 왜 이래?

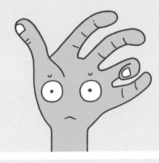

# 아기는 왜 귀여울까?

동글동글한 머리, 큰 눈, 오동통한 뺨,
아기는 언제나 귀엽고 사랑스럽다.

그런데 재미있는 건 우리는 인간의 아기뿐 아니라
다양한 동물의 새끼를 봐도 귀엽다고 느낀다.

아기와 새끼 동물, 둘 사이에는 어떤 공통점이 있길래
우리의 뇌는 이런 모습을 보고 귀엽다고 느낄까?

## 아기가 귀엽다고 느껴지는 건 본능?

1971년 노벨생리의학상을 받은 동물행동학계의 거장, 콘라트 로렌츠 Konrad Lorenz 교수는 인간이 아기를 보고 귀엽다고 느끼는 이유에 대해 이런 주장을 펼쳤다. "아기가 지닌 여러 특징은 어른에게 애정과 양육하고자 하는 욕구를 불러일으킨다. 그리고 이런 애정과 양육의 욕구는 종족 번식에 유리하다."

이 말은 무슨 의미일까? 아래 그림을 한번 살펴보자. 왼쪽과 오른쪽 그림 중 어떤 모습이 더 귀엽게 느껴지는가? 아마 90% 이상의 사람들이 왼쪽이 더 귀엽다고 느낄 것이다. 로렌츠 교수에 따르면 인간의 뇌는 큰 눈과 둥글게 솟은 두개골, 턱이 뒤편으로 당겨진 유아적 특징을 지닌 모습을 보면 본능적으로 귀

엽다고 느낀다고 한다. 더불어 짧은 사지와 두루뭉술한 몸매, 서툰 몸짓까지 지녔다면 우리의 뇌는 더욱더 귀여움을 느껴 이들을 보호하고 돌보려는 욕망을 갖게 된다. 이런 특징을 지닌 대상이 인간의 아기든 동물의 새끼든 인형이든 상관없다. 그리고 이런 대상에 귀여움을 느끼는 본능을 지닌 까닭은 이 본능이 인류의 '번식'에 큰 도움이 되기 때문이라고 덧붙였다.

귀여움을 느끼는 마음과 번식이 정말 관련 있을까? 예를 들어, 아기를 봐도 전혀 귀여움을 느끼지 못하는 인류 집단 A와 아기를 보면 귀여워서 어쩔 줄 몰라 하는 인류 집단 B가 있다고 가정해보자. 두 집단 중 어느 집단이 번식에 유리할까? 당연히 아기를 귀엽다고 느끼는 B집단일 것이다. 그들은 귀엽다고 느끼는 만큼 아기를 더 잘 보살피고 안전하게 키워 결국 성공적으로 번식할 수 있을 것이다.

유전자적 관점에서 보면 아기를 볼 때 귀엽다고 느끼는 유전자가 잘 살아남아 현재 인류까지 전달됐다고 할 수 있다. 특히 사회적 동물인 인간에겐 수렵 채집 시절 부모가 사냥을 나간 동안에도 다른 구성

[ 아기를 봐도 귀여움을 못 느끼는
인류 집단 A ]

[ 아기를 보면 귀여움을 느끼는
인류 집단 B ]

원들이 내 아기를 해치지 않는다는 사회적 믿음이 매우 중요했다. 많은 진화생물학자는 이런 사회적 믿음에서 우리 인류가 자신의 아기뿐 아니라 다른 사람의 아기도 귀엽다고 느끼게 됐다고 설명한다.

## 뇌는 정말 아기를 보면 귀엽다고 느낄까?

다음 페이지(20쪽)에 있는 아기들 사진을 보자. 여러분은 어떤 아기가 가장 귀엽게 느껴지는가? 대부분 맨 오른쪽 아기를 선택했을 것이다. 2009년 멜라니 글로커Melanie L. Glocker 교수는 여성들을 대상으로 실험을 진행했는데, 아기의 얼굴을 조금씩 변형한 이 사진을 보여주면서

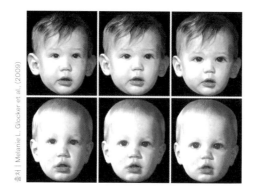

출처 | Melanie L. Glocker et al., (2009)

fMRI로 실험 참가자들의 뇌에서 일어나는 변화를 관찰했다. 실험 결과 유아적 특징이 더 두드러진 아기 사진, 즉 맨 오른쪽 아기 사진을 봤을 때 여성들의 뇌에서 쾌락을 느끼는 강력한 보상회로Mesocorticolimbic가 작동한다는 사실을 알아냈다. 아기가 귀여운 이유, 그리고 아기를 보면 마구 우쭈쭈 해주고 싶은 이유는 단순히 어려서가 아니라 아

인간의 아기가 외계인처럼 생겼다면 우리는 이런 특징을 지닌 생물을 보고 귀여움을 느꼈을지 모른다. 이렇게 '귀여움'은 번식을 위한 본능, 그리고 진화라는 과학적 맥락과 이어져 있다.

기가 지닌 외형적 특징 때문에 우리 뇌가 그렇게 반응했던 것이다.

진화생물학자 스티븐 제이 굴드Stephen Jay Gould는 그의 저서《판다의 엄지》를 통해 디즈니 대표 캐릭터인 미키마우스의 변천사를 분석했다. 위의 그림에서 보듯 과거부터 지금까지 미키마우스의 얼굴은 점차 눈과 머리가 커지고, 주둥이가 짧아지는 쪽으로 변화했다. 그래서 우리는 이 '쥐(미키마우스)'를 더 귀엽다고 느끼는 것이다.

# 인간의 털은 왜 사라졌을까?

침팬지, 고릴라, 오랑우탄,
그리고 인간까지 모두 유인원이지만

인간만 유독 털이 엄청 적다.

어쩌다 털이 사라졌을까?
그 진화적 속사정은 무엇일까?

## 쭈구리에서 사냥꾼이 된 비결은 바로 털!

여러분이 생각하는 옛 인류의 사냥 모습은 어떠한가? 여러 명이 한 동물을 쫓아 포위한 후 창으로 찌르고 화살을 쏘는 등 도구를 사용해 그다지 어렵지 않게 때려잡는 모습일 것이다. 그런데 사실 우리 인류의 조상은 처음부터 뛰어난 사냥꾼이 아니었다. 초기 인류는 약 400만~500만 년 전에 등장했는데, 인류가 사냥꾼의 능력을 유감없이 발휘하게 된 건 지금으로부터 약 180만 년 전 호모 에렉투스가 등장한 무렵부터다. 다시 말해 호모 에렉투스가 등장하기 전까지 무려 300만 년 동안 인류는 오히려 동물들을 피해 숨어 살던 쭈구리(?) 신세를 면치 못했다. 그렇다면 300만 년 동안 어떤 일이 있었기에 인류가 최고의 사냥꾼으로 등극할 수 있었을까? 놀랍게도 그 비밀은 '사라진 털'에 있다.

　우리가 흔히 아는 초기 인류, 오스트랄로피테쿠스의 키는 고작 100cm다. 오늘날 네다섯 살 된 아이의 키와 비슷한 수준이다. 그리고 약 100만 년 뒤 등장한 호모 하빌리스 역시 작은 몸집을 지녔다. 이렇

게 왜소했던 우리 조상에게 사냥은 언감생심이었을 것이다. 그래서일까? 400만~500만 년 전에 등장한 초기 인류는 주로 채식을 했다. 화석으로 발견된 이들의 턱뼈는 매우 두꺼웠는데, 이는 많은 양의 음식물을 오랫동안 씹어 먹은 흔적이다. 육식보다 초식을 주로 하는 동물에게 나타나는 특징이다.

그런데 약 258만 년 전, 플라이스토세 기간(지질시대의 제4기를 2분할 때 전기에 해당하는 시기)에 아프리카가 건조해지기 시작하면서 초기 인류는 어쩔 수 없이 사냥을 할 수밖에 없는 환경에 놓이게 된다. 건조해진 환경 때문에 식물성 먹이가 줄어들어 당시 많은 영장류가 치열한 먹이 경쟁을 시작한 것이다.

출처 | 위키피디아

오스트랄로피테쿠스의 두개골. 채식에 적합한 두꺼운 턱뼈를 지니고 있다.

낮이라서 잠 자는 사자, 그리고 옆에서 풀 뜯는 가젤

 

인류의 조상 역시 예외가 아니었다. 결국 이들은 울며 겨자 먹기로 동물 사냥에 나섰다. 하지만 몸집이 작아 맹수들과의 사냥 경쟁에서 이길 방도가 없었다. 그래서 조금 독특한 전략을 취했다. 지금도 아프리카 초원에 가면 맹수들은 밤이나 새벽에 사냥을 하고 낮에는 한가로이 잠을 자는 모습을 볼 수 있다. 아마 당시에도 비슷했을 것이다. 이런 맹수들의 성향을 파악한 초기 인류는 맹수들이 사냥에 나서는

밤 시간대를 피하고 낮 시간대를 노렸다. 이른바 '허 찌르기' 전략이다.

그런데 낮 사냥에 한 가지 걸림돌이 있었다. 바로 더위였다. 당시 초기 인류는 지금의 침팬지, 고릴라, 오랑우탄처럼 수북한 털로 덮여 있었기 때문에 아프리카의 무더운 낮에 사냥하는 건 무척 고역이었을 것이다. 그때부터 인류는 주요 부위를 제외하고 점차 털을 벗기 시작했다. 그러자 땀샘이 발달했다. 즉 사냥을 위해 전략적으로 털을 잃고 땀을 얻은 것이다. 물론 어떤 목적을 위해 진화한 게 아니라 털을 잃고 땀을 얻은 개체만 생존해 지금의 인류로 진화했다는 말이 더 적절하다.


## 털이 사라진 인류, 사냥에 날개를 달다

사라진 털은 인류의 사냥에 날개를 달아줬다. 낮에 사냥을 해도 피부에서 발생한 땀이 증발하며 몸에서 열을 발산하니 더워도 그리 지치지 않았다. 고인류학자들은 이를 '냉각기구 가설'이라고 부른다. 실제 이 가설은 현재 인류가 다른 영장류와 달리 털이 없는 이유를 설명하는 가설 중 가장 그럴듯한 이론으로 인정받고 있다.

약 180만 년 전에 등장한 호모 에렉투스는 지금의 인류처럼 털이 거의 없었다. 이 말은 호모 에렉투스가 꽤 훌륭한 사냥꾼이었음을 의미한다. 실제 그들은 사냥에 능숙했다. 그 근거로 호모 에렉투스 화석 중에는 사냥한 고기를 다듬는 데 필요한 주먹도끼 화석이 많다.

한 가지 재미있는 건 인류의 조상은 털을 잃는 대신 까만 피부를 얻었다는 사실이다. 털은 자외선을 막는 보호막 역할을 했었는데, 털이 사라지면서 인류는 자외선을 차단하기 위해 피부에 멜라닌 색소를 만들게 되었고 그 결과 피부가 까매졌다. 검은 피부에서 시작된 인류

① 털이 사라지면서 자외선을 제대로 차단할 수 없게 됐다.

② 이에 대한 보완책으로 피부에서 흑갈색의 멜라닌 색소를 만들어 자외선을 차단했다.

③ 이런 이유로 아프리카에서 출현한 초기 인류의 피부색은 짙었다.

는 세계 각지로 퍼지면서 환경에 맞게 다양한 피부색을 지니게 됐다.


## 사라진 털 → 육식 → 뇌의 발달?

털이 사라지면서 진정한 사냥꾼의 면모를 갖추게 된 호모 에렉투스 시대는 인류가 본격적으로 육식을 시작한 때다. 그러면서 고열량이 필요한 뇌가 1,000cc까지 커지고, 키도 170cm까지 자랐다. 무엇보다 뇌가 커지면서 인류는 좀 더 고차원적인 사고를 하게 됐고, 그 결과 더 뛰어난 사냥꾼으로 거듭났다. 사라진 털이 사냥을 가능케 했고 사냥은 육식을, 육식은 뇌의 성장을, 커진 뇌는 다시 효율적 사냥이란 결과를 낳았다. 이렇게 시작된 뇌의 성장은 인류를 문명사회라는 그동안 없었던 놀라운 혁명의 토대 위에 올려놓았다. 지금 우리가 지니고 있는 매끈매끈한 피부(아! 여드름이 있다면… 음…)는 수백만 년 전 우리 조상이 겪은 험난한 생존 게임의 흔적이다. 오늘 하루 피부를 만지면서 먼 과거의 그분들을 떠올려보는 건 어떨까?

# 인간의 눈에만 흰자위가 있다고?

여러분은 네 개의 눈에서 차이점을 찾았는가?

그렇다. 바로 인간만 넓은 흰자위를 지니고 있다.

과학 용어로 흰자위를 '공막'이라고 부른다.
여타 영장류와 비교해도 인간의 공막은 유독 크다.
오랑우탄보다 무려 3배나 큰 크기다.
도대체 인간의 흰자위는 왜 이렇게 큰 걸까?

## 인간의 넓은 흰자위는 협력을 위해 진화했다?

2001년 일본 히로미 고바야시Hiromi Kobayashi 박사는 원숭이, 고릴라, 오
랑우탄, 침팬지 등 다양한 영장류와 비교했을 때 인간의 공막이 압도
적으로 크다고 주장했다. 간혹 침팬지 중에 돌연변이로 넓은 공막을
지닌 개체가 태어나긴 하지만 일반적으로 넓은 흰자위는 인간만이
지닌 고유한 특성이다.

　진화생물학에서는 인간의 넓고 흰 공막을 사회성과 연관지어 설
명한다. 이른바 '협력적 눈 가설'이다. 무리를 이루고 사는 인류는 그
안에서 서로 협력해야 하기 때문에 다른 사람의 시선을 잘 읽기 위해
공막이 하얗고 넓어지는 쪽으로 진화했다는 주장이다. 여기서 말하
는 시선이란 눈동자의 움직임으로, 공막이 어두운 것보다 하얀 편이
또 그 면적이 작은 것보다 큰 편이 눈동자의 움직임을 알아보기 쉽다
는 말이다.

　진화생물학자 장대익 교수는《울트라 소셜》에서 인간의 흰 공막
은 인류 집단이 공동의 목표를 이루기 위해 한곳으로 주의를 집중해

야 할 때 중요한 역할을 한다고 언급했다.

회사에서 사람들이 모여 회의하는 장면을 떠올려보자. 그런데 직원 한 명이 열심히 스마트폰을 만지고 있다. 팀장이 이 직원을 몇 초 동안 말없이 바라본다. 그러면 나머지 팀원들의 시선은 어디로 향할까? 바로 팀장의 시선이 향하는 곳일 것이다. 그 이후 상황은 어떻게 될까? 여러분의 상상에 맡기겠다.

이처럼 넓은 흰자위는 눈동자를 더 잘 드러나게 한다. 그래서 소리나 동작 없이 시선만으로도 주변 사람들에게 주의를 기울여야 할 대상을 알려준다. 이뿐만이 아니다. 놀랄 때 눈을 크게 뜨면 흰자위가 더 많이 보이는데, 이 넓은 공막 덕분에 우리는 상대방의 감정 상태를 좀 더 쉽게 예측할 수 있다. 협력적 눈 가설은 인류처럼 협력이 중요한 집단의 경우 상대방 시선의 방향을 잘 예측하는 일이 중요하기 때문에 흰자위가 넓은 개체만 자연선택되었다는 주장이다.

# 협력적 눈 가설에 관한 증거들

그런데 이 가설이 말이 되려면 '인간은 본능적으로 타인의 시선 변화에 민감하다'는 근거가 실험이나 증명을 통해 뒷받침되어야 한다. 그 증거를 영장류학자인 마이클 토마셀로Michael Tomasello 박사가 2007년 진행한 실험에서 찾을 수 있다. 그는 침팬지, 고릴라, 보노보 등 유인원과 인간 아기를 대상으로 그들이 인간 실험자의 눈동자와 고개 움직임에 어떻게 반응하는지 관찰했다. 일명 '시선 따라가기'라고 불리는 이 실험은 총 네 가지 조건으로 진행됐다.

첫 번째는 실험자가 눈을 감은 채 고개를 들어 천장을 보는 것, 두 번째는 고개는 움직이지 않고 눈동자만 올려 천장을 보는 것, 세 번째는 고개와 눈 모두 천장을 보는 것, 네 번째는 고개와 눈동자를 움직이지 않고 정면을 보는 것이다. 결과는 어땠을까?

유인원은 고개 방향에 영향을 많이 받았다. 실험자가 눈을 감고

조건 ① 실험자가 눈을 감은 채 고개를 들어 천장 보기

조건 ② 실험자가 고개는 움직이지 않고 눈동자만 올려 천장 보기

조건 ③ 실험자의 고개와 눈 모두 천장 보기

조건 ④ 실험자가 고개와 눈동자를 움직이지 않고 정면 보기

있어도 고개를 돌리면 고개 돌린 쪽을 바라봤다. 하지만 인간 아기는 달랐다. 실험자가 눈을 감고 고개만 돌릴 때보다 오히려 고개는 가만히 있고 눈동자만 움직일 때 민감하게 반응했다. 실험 결과 고개만 돌릴 때보다 눈동자의 시선 변화가 있을 때 반응 효과가 약 5배 컸는데, 이는 아기의 시선을 잡아끄는 데 눈동자의 위치 변화가 가장 중요함을 뜻한다.

또 자폐 연구에서 나온 결과 역시 크고 흰 공막이 인간 집단의 협력과 관련이 깊다는 가설에 힘을 싣는다. 자폐는 사회적 소통 능력에 장애를 지닌 질환으로, 자폐증에 걸린 사람은 이야기할 때 다른 사람의 눈에 집중을 잘하지 못할 뿐 아니라 자신이 다른 사람과 눈을 맞추고 있는지조차 잘 알아채지 못한다. 2017년, 하버드대 신경생물학자 마거릿 리빙스톤Margaret Livingstone 교수는 자폐증 가능성이 높은 아기에게 부모가 눈을 자주 맞추면 자폐증 발병률을 줄일 수 있다는 연구 결과를 《네이처 신경과학Nature Neuroscience》에 실었다. 이 연구는 상대방과의 시선 교환이 사회적 소통에 매우 중요한 역할을 한다는 것을 의미한다.


## 사냥개와 상호작용하기 위해 흰자위가 넓어졌다?

펜실베이니아주립대 인류학과 팻 쉽먼Pat Shipman 교수는 인간의 이런 '협력적 시선 읽기'가 소리 내지 않고 협동으로 먹잇감을 사냥할 때

더할 나위 없이 좋았을 거라고 주장했다. 그는 여기서 한발 더 나아가 인간의 흰 공막이 수만 년 전 개를 훌륭한 사냥 파트너로 길들이는 과정에서 커졌을 수 있다는 꽤 발칙한 가설을 제기했다. 사냥개에게 자신의 시선을 효율적으로 인식시키기 위해 흰자위가 커지는 방향으로 진화했다는 것이다.

쉽먼 교수는 가설의 근거로 헝가리의 인지과학자 에르노 테글라스Erno Teglas의 실험을 제시했다. 이 실험에 따르면 개는 영상 속 사람의 시선을 따라가는 행동은 물론, 인간 아기처럼 사람의 고개 방향보다 시선 방향에 훨씬 민감하게 반응했다. 실제 사냥에 개를 이용하면 설치류인 아구티를 찾을 확률은 9배, 아르마딜로를 찾을 확률은 6배나 높아진다고 한다. 과거 인류 조상은 개와 효율적으로 소통함으로써 분명 생존에 도움을 받았을 것이다.

　물론 앞서 말한 사회적 협력 가설이 학계에서 더 많은 지지를 받고 있다. 어쨌든 한 가지 확실한 건 인간의 흰자위는 인간만의 고유한 특징이란 사실이다. 그래서 각종 애니메이션이나 영화에서 인간이 아닌 캐릭터에 인간다움을 불어 넣기 위해 흰자위를 넓고 크게 만드는 게 아닐까?

# 사람을 먹으면 안 되는 이유는?

인류 역사에서 식인 풍습은 여러 곳에서 발견된다.

그런데 사회문화적 풍습이 아니라 열량을 채우기 위해
일상처럼 사람을 사냥해 먹는 식인종 집단이 존재했을까?

단언컨대 일상처럼 사람을 먹는
식인종 집단은 인류 역사에 없다.

왜 그럴까? 사람을 먹으면 안 되는
과학적인 이유가 있기 때문이다.

## 식인은 17세기에도 있었다?!

식인종을 일컫는 단어 '카니발Cannibal'은 아메리카 신대륙을 발견한 콜럼버스로부터 비롯됐다. 자신이 도착한 곳을 아시아의 인도라고 생각한 콜럼버스는 이 지역의 원주민을 몽골제국의 왕 '칸Kahn'의 후손이라 착각해 '카니바스Canibas'라고 불렀다. 콜럼버스는 카니바스의 이웃 부족으로부터 카니바스가 사람을 잡아먹는다는 소문을 들었다.

이 소문이 유럽으로 퍼지면서 카니발은 식인종을 뜻하는 단어가 됐다. (나중에 이 소문은 거짓으로 밝혀졌다.)

그런데 정말 인류 진화사에 식인종 집단은 없었을까? 만약 존재하지 않는다면 그 이유는 뭘까? 요즘 같은 세상에 식인종이란 단어는 미개하기 그지없지만, 사실 식인 행위는 과거 인류 역사에 심심치 않게 등장한다.

런던 자연사박물관의 실비아 벨로Silvia M. Bello 박사는 영국 남서부의 서머셋 협곡에서 1만 4,700년 전 현생 인류의 유골을 발견했다. 박사는 여러 뼛조각에서 발견된 인류의 이빨 자국과 두개골 화석 중 일부가 마치 그릇처럼 매끈하게 가공된 모습을 통해 당시 식인 풍습이 있었다고 주장했다. 먼 옛날이라 '그때는 식인 풍습이 있었겠지'라고 생각할 수 있지만, 놀랍게도 식인 풍습은 꽤 최근인 1150년대에도 있었다.

미국 콜로라도 남서부 지역의 인디언 유적지에서 똥 화석이 발견됐다. 리처드 말라Richard A. Marlar 박사는 똥 화석에서 인간 근육에 있는 '미오글로빈' 단백질을 검출했다. 이를 토대로 2000년, 〈식인 행위의

실비아 벨로 박사가 영국 남서부의 서머셋 협곡에서 발견한 1만 4,700년 전 현생 인류의 두개골. 두개골의 절단면이 매끈하게 가공되어 있다.

생화학적 증거〉라는 제목으로 국제학술지 《네이처Nature》에 논문을 발표했다.

2013년엔 17세기 초 유럽인들이 미국에 정착해 세운 제임스타운에서 식인 행위가 일어났다는 증거가 발견됐다. 인류학자인 더글러스 오슬레이Douglas Owsley 박사는 처참하게 난도질당한 14세 소녀의 두개골 화석을 제임스타운 유적지에서 발견했다. 이는 사람들이 식용을 위해 살을 파먹고 뼈에 구멍을 내 뇌를 꺼내 먹었다는 증거로 밝혀졌다. 실제 1609년의 제임스타운 상황을 기록한 문헌에 따르면 당시 마을의 식량이 완전히 바닥나면서 이민자들은 개와 고양이는 물론 쥐와 뱀, 심지어 신발 가죽까지 뜯어 먹었다. 그래도 도저히 허기를 참을 수 없었던 사람들은 영국인의 무덤이든 인디언의 무덤이든 가릴 것 없이 파내 죽은 이들을 먹었다고 한다.

이러한 식인 행위는 20세기에도 나타났다. 1972년 우루과이 공군 571편 비행기가 안데스산맥에 추락했다. 당시 생존자들은 살아남기 위해 어쩔 수 없이 죽은 동료의 시신을 먹었는데, 이 사건은 식인 행위의 유명한 일화 중 하나다.


### 정말 식인종은 존재했을까?


그렇다면 앞에서 나온 이야기들로 인류 진화사에 식인종이 존재했다고 단정할 수 있을까? 고인류학자 이상희 교수는 식인 행위가 장례 의식이나 극한의 상황, 사회문화적 이유로 종종 나타날 수 있지만 영양 섭취를 위해 사람이 사람을 일상처럼 먹는 식인종 집단은 인류 진화사에 존재하지 않았다고 말한다. 그도 그럴 것이 진화적으로 식인은 생존에 매우 불리한 행동이기 때문이다.

세 가지 이유를 들 수 있는데, 첫 번째 이유는 정말 단순하다. 신체적 능력과 지적 능력이 자신과 비슷한 동종을 사냥하는 건 토끼나 사슴 등을 사냥하는 것보다 몇 배나 더 어렵다. 따라서 동종을 사냥하는 데 사용할 에너지로 다른 동물을 사냥하는 게 훨씬 낫다. 이는 다른 동물도 마찬가지다. 그래서 짝짓기나 번식, 특별한 상황을 제외하면 동종을 상습적으로 잡아먹는 경우는 흔치 않다.

두 번째 이유 역시 이와 비슷한 맥락으로, 인육을 먹는 건 영양학적으로 별 효율이 없다. 2017년 영국 브라이턴대의 고고학자 제임스 콜James Cole 박사는 인육을 영양학적으로 분석하는 꽤 기이한 연구를 진행했다. 논문 제목도 〈구석기시대 식인 행위에 있어 열량의 중요성 평가〉로 정말 독특하다. 그는 논문을 통해 55kg의 남성을 기준으로 허벅지는 13,350kcal, 상박上膊(어깨에서 팔꿈치까지의 부분)은 7,450kcal, 하박下膊(팔꿈치에서 손목까지의 부분)은 1,660kcal, 심장은 650kcal, 간은 2,570kcal, 신장은 한 쌍에 380kcal, 폐는 1,600kcal, 큰창자와 작은창자는 1,260kcal, 피부는 10,280kcal, 뇌와 척수는 2,700kcal가 된다고 추정하며 인체 1구의 총열량은 12만~14만kcal에 달한다고 밝혔다.

이렇게 보면 '내장 파괴 버거급 고열량'이라고 생각할 수 있지만,

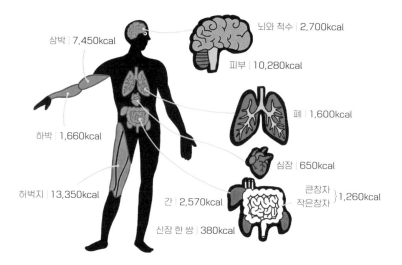

상박 | 7,450kcal

뇌와 척수 | 2,700kcal

피부 | 10,280kcal

폐 | 1,600kcal

하박 | 1,660kcal

심장 | 650kcal

허벅지 | 13,350kcal

간 | 2,570kcal

큰창자
작은창자 } 1,260kcal

신장 한 쌍 | 380kcal

인체의 총열량은 12~14만kcal지만 매머드와 비교하면 너무 적은 열량이다.

콜 박사는 1명의 인육은 고작 25명의 남성이 반나절을 버틸 정도의 열량이라고 설명했다. 반면 근육만 360만kcal에 달하는 매머드 한 마리를 잡으면 같은 수의 집단이 두 달을 버틸 수 있다고 언급했다. 즉 영양을 보충하기 위해 굳이 식인을 일상처럼 행하는 집단은 인류 진화사에 없을 거란 얘기다. 따라서 화석으로 발견되는 대부분의 식인 행위는 종교나 장례 의식 같은 사회문화적 이유 때문이라고 볼 수 있다.

## 식인을 하면 안 되는 결정적 이유

끝으로 식인 행위의 최대 단점은 바로 '질병'이다. 바이러스나 세균, 기생충 등은 같은 종 내에서 훨씬 쉽게 감염된다. 예를 들어 박쥐 몸 안에 있는 바이러스가 사람에게 감염되려면 바이러스 유전자에 어느 정도 돌연변이가 일어나야 하지만 사람끼리는 바이러스의 변이 없이 바로 감염된다. 즉 동종을 잡아먹는 행위는 질병 감염으로 이어진다는 의미다.

이와 관련한 재미있는 연구가 하나 있다. 인도의 밀린드 왓베 Milind Watve 박사는 실험 참가자들에게 사람, 돼지, 소 등 13종의 포유류 똥 냄새를 맡게 한 뒤 어떤 똥 냄새에 가장 거부감을 느끼는지 물었다. 결과는 어땠을까?

인간은 인간의 똥 냄새를 가장 역겹게 느낀다.

'설마…'라고 생각했다면 그게 맞다. 사람은 '사람의 똥 냄새'를 가장 역하게 느끼는 것으로 나타났다. 두 번째로 역하다고 느낀 건 인간과 다양한 기생충을 공유하는 돼지의 똥이었다. 소처럼 인간에게 감염되는 기생충이 적은 동물의 대변일수록 덜 역겹게 느꼈다. 이를 두고 진화생물학자들은 같은 종의 배설물에는 자신에게 감염될 수 있는 기생생물이 가장 많이 포함돼 있기 때문에 인간은 본능적으로 사람의 똥 냄새를 가장 역하게 느끼고 이를 통해 질병 감염을 회피한다고 설명한다.

배설물조차 이러한데, 같은 종의 뇌나 근육 등 살코기를 먹는 행위는 질병 감염의 위험을 높일 수밖에 없다. 이런 이유로 식인 행위를 의례적으로 일삼는 식인종 집단은 자연계에서 살아남기 어렵다.

식인 행위가 질병으로 이어진 대표적인 사례가 있다. 바로 1950년대 많은 사람에게 충격을 안긴 '쿠루병'이다. 파푸아뉴기니에 포레족이란 원시 부족이 살았는데, 1950년대 이 부족 전체에 괴상한 질병이 돌았다. 이 병에 걸린 사람은 온몸의 근육이 풀어져 제대로 서지 못할 뿐아니라 아무것도 먹지 못하고 온몸을 심하게 떨다 결국 폐렴으로 죽었다. 당시 사람들은 이 병에 '몸이 떨린다'는 뜻의 '쿠루'라는 이름을 붙였다. 주로 여성에게 많이 발병했는데, 의학자들은 이 병의 원인을 찾고자 했지만 도통 알아낼 수 없었다.

그러던 1957년, 미국의 소아과 의사 대니얼 칼턴 가이듀섹Daniel Carleton Gajdusek은 쿠루병이 식인 풍습으로 인해 발생했다는 사실을 밝혀냈다. 당시 포레족은 사람이 죽으면 시체의 손과 발을 자른 후 뇌와

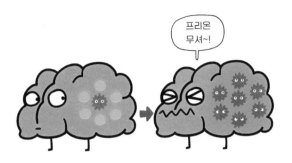

프리온은 정상 단백질을 병원성 단백질로 변형시킨다. 일반적인 열과 소독약품 등으로는 없앨 수 없으며, 차아염소산나트륨과 강산성 세척제 등이 효과적인 것으로 알려져 있다. (그림에서 빨간색은 프리온, 파란색은 정상 세포를 나타낸다.)

장기를 꺼내 살은 남자들이, 뇌와 장기는 여자들이 먹는 기이한 장례를 치렀다. 그런데 죽은 포레족의 뇌를 분석한 결과, 이들의 뇌에서 쿠루병을 일으키는 '프리온'이란 병원성 물질이 발견됐다. 이 때문에 주로 죽은 이를 손질하거나 뇌를 먹는 여성들이 쿠루병에 더 많이 걸렸던 것이다. 프리온은 뇌세포를 파괴하는 물질로, DNA나 RNA가 없는 단백질에 불과하지만 주변의 정상 단백질을 병원성 단백질로 변형시켜 뇌를 잠식해 나가는 무서운 녀석이다.

이처럼 쿠루병은 식인 행위가 얼마나 질병 감염에 취약한지 단적으로 보여준다. 만약 식인을 일상처럼 행하는 식인종 집단이 있었더라도 이미 질병으로 모두 사라졌을 것이다. '사람을 먹으면 왜 안 될까?'란 질문에 대해 윤리적 혹은 사회문화적 접근도 좋지만 이렇게 과학으로 따져 보니 신선하게 다가오지 않는가.

# 왼손잡이는 왜
# 오른손잡이보다 적을까?

왼손잡이, 그들의 삶은 조금 불편하다.

지하철을 탈 때도

밥을 먹을 때도 불편하다.

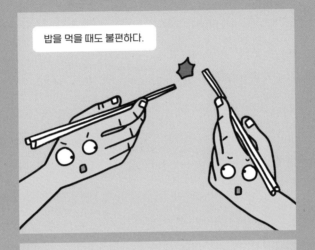

전 세계적으로 왼손잡이의 비율은 고작 10%,
그렇다면 왜 지구상에 왼손잡이는 이토록 적은 걸까?

## 고대에도 왼손잡이는 적었다

세상은 오른손잡이 위주로 돌아가는 경우가 많다. 어원을 살펴봐도 왼손잡이는 상대적으로 안 좋은 의미를 지녔다. 영어에서 오른쪽을 뜻하는 'right'는 '올바른'이란 의미인 반면 왼쪽을 뜻하는 'left'는 앵글로색슨어 중 '약한', '힘없는', '쓸모없다'는 뜻을 지닌 'lyft'에서 유래됐다. 그래서일까? 지금이야 왼손잡이에 대한 차별이 드물지만 1980~1990년대 우리나라만 해도 왼손잡이인 아이들을 굳이 오른손잡이로 교정하려는 문화가 만연했다.

일부 몰지각한 사람들은 왼손잡이가 오른손잡이보다 열등해서 도태됐고, 그 결과 현재 오른손잡이가 더 많아졌다는 주장을 펼치기도 한다. 정말 왼손잡이는 오른손잡이보다 불리한 형질이라서 세계 인구의 10%뿐인 걸까?

왼손잡이가 적은 이유를 과학적으로 살펴보자. 19세기 영국의 의사 필립 헨리Philip Henry는 오른손잡이가 더 많은 이유를 '전쟁 가설'로 설명했다. 인류는 원래 오른손잡이와 왼손잡이의 수가 비슷했는데,

어느 날 방패가 발명되면서 이 균형이 깨졌다고 그는 말했다. 심장이 왼쪽에 있으니 왼손에 방패를 들고 오른손에 칼을 들어야 전쟁에서 살아남을 확률이 높다는 것이다. 즉 오른손에 칼을 든 오른손잡이가 자연선택됐다는 주장이다.

하지만 이 주장은 납득하기 어렵다. 방패가 발견되기 훨씬 전부터 오른손잡이가 더 많았기 때문이다. 이는 180만 년 전에 발견된 돌조각으로 증명됐다. 오른손잡이가 내려친 석기와 왼손잡이가 내려친 석기는 떨어져 나간 부위의 뒤틀림이 다른데, 고고학자인 니콜라스 토드Nicolas Todd가 180만 년 전 돌조각을 조사한 결과 오른손으로 내려칠 때 생긴 패턴이 대부분이란 사실을 알아냈다. 또 미국 캔자스주립대의 한 연구원은 50만~60만 년 전 고인류의 앞니 화석을 분석했는데, 앞니에 생긴 상처로 당시 고인류의 90%가 오른손잡이였다는 사실을 발견했다. 인류는 왜 이토록 오른손잡이가 많았던 걸까?

## 오른손잡이가 더 많은 이유는 유전자 때문?

일부 과학자들은 손잡이의 확연한 비대칭성을 유전적으로 설명한다.

왼손잡이와 관련된 유전자가 열성 형질과 비슷해 숫자가 적을 뿐 형질에 따른 좋고 나쁨에는 큰 차이가 없다고 주장한다.

영국 런던대의 심리학과 크리스 맥마누스Chris McManus 교수는 'D유전자 가설'을 통해 오른손잡이가 더 많은 이유를 설명했다. 그의 가설은 이렇다. 오른손잡이를 결정하는 'D유전자'가 있는데, 이 D유전자에 돌연변이가 생기면 C유전자가 된다. 재미있게도 C유전자는 오른손과 왼손을 결정하는 데 아무런 역할을 하지 못한다. 그래서 엄마 아빠에게 각각 D유전자를 하나씩 받아 'DD'형이 되면 무조건 오른손잡이가 되지만, 각각 C유전자를 받아 'CC'형이 돼도 C유전자는 오른손과 왼손을 결정하지 못하기 때문에 오른손잡이나 왼손잡이가 될 확률이 반반(50%)이다. 이런 이유로 왼손잡이 부모에게서 오른손잡이 아이가 나올 수 있고, 일란성 쌍둥이도 손잡이가 다를 수 있다.

그렇다면 부모에게 D와 C유전자를 하나씩 받은 'DC'형은 어떤 손잡이가 될까? 맥마누스 교수는 D와 C는 우열관계가 아니기 때문

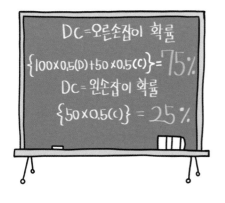

|  | 오른손 | 왼손 |
|---|---|---|
| DD | 100% | 0% |
| DC | 75% | 25% |
| CC | 50% | 50% |

에 반반씩 기여한다고 가정해서 계산했다. 결론부터 말하면 오른손잡이가 될 확률은 75%, 왼손잡이가 될 확률은 25%다. 결국 이 계산법에 따르면 DD는 무조건 오른손잡이, DC는 75%가 오른손잡이, CC는 50%가 오른손잡이다. 유전적으로 왼손잡이가 적은 이유가 설명된다. 게다가 맥마누스 교수는 D와 C유전자 비율이 8:2로 분포해 있다면 현재 전 세계의 왼손잡이가 10% 정도인 이유도 설명된다고 말했다. 물론 이 가설은 2003년도에 발표된 오래된 가설이다. 지금은 손잡이를 결정하는 LRRTM1, 2p2-q11 같은 유전자들이 일부 발견됐다.


## 머리의 가마 방향으로 손잡이를 알 수 있다?


이런 유전적 요인으로 왼손잡이라면 가마의 방향이 시계 반대 방향일 가능성이 높다. 지금 바로 자신의 가마를 확인해보자. 미국 국립암연구소의 아마르 클라Amar J. S. Klar 교수는 약 500명의 실험 참가자를 모집해 연구를 진행했다. 연구 결과 오른손잡이의 92%가 시계 방향의 가마였고, 왼손잡이에선 무려 45%가 시계 반대 방향의 가마를 가졌다.

클라 교수는 배아 상태일 때 신경과 피부가 같은 세포(외배엽)에서 비롯되기 때문에 이런 현상이 나타날 수 있다고 주장했다. 일명 'Right 유전자'에 의해 뇌의 좌반구와 우반구의 신경 조직이 발달하는데 이때 머리의 피부 조직도 함께 생긴다. 클라 교수는 이 'Right 유전자'의 영향을 받아 뇌의 좌반구와 우반구의 신경 발달 정도가 달라

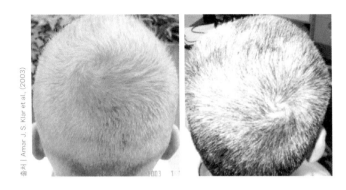

왼손잡이는 가마의 방향이 시계 반대 방향(왼쪽 사진)인 경우가 많고, 오른손잡이는 가마의 방향이 시계 방향(오른쪽 사진)인 경우가 많다.

지면서 좌반구의 발달은 오른손잡이를, 우반구의 발달은 왼손잡이를 결정한다고 설명했다. 동시에 뇌신경이 형성되면서 주변 머리의 피부 조직 발달에도 영향을 미쳐 가마의 방향에 영향을 줄 수 있다고 말했다. 여러분의 가마는 어느 방향인가? 필자는 오른손잡이라 시계 방향의 가마를 가지고 있다.

## 오른손잡이 유전자가 많은 이유

이쯤 되니 궁금하다. 왜 오른손잡이를 발현하는 유전자가 더 우세한 선택을 받은 걸까? 아직 여기에 대한 명쾌한 설명은 없지만, 일부 학자들은 이 현상이 인류의 언어 능력과 관련이 있다고 말한다. 약 200

만~300만 년 전 인류의 뇌가 급격히 커질 때 언어 능력을 담당하는 좌뇌가 우뇌보다 더 많이 발달했다. 뇌와 근육을 연결하는 신경은 연수Medulla Oblongata(뇌간의 가장 아랫부분으로 척수의 호흡 순환과 같은 생명 유지에 가장 주요한 기능을 담당하는 중추)에서 좌우가 교차하기 때문에 좌뇌는 몸의 오른쪽 능력을 담당한다. 즉 좌뇌의 발달이 언어의 발달을 견인하고 자연스레 좌뇌와 연결된 오른손잡이가 많아졌다는 주장이다.

이 주장대로라면 왼손잡이는 언어 능력이 아주 바닥일 것 같지만 꼭 그렇지도 않다. 언어 영역이 모두 좌뇌에 속해 있진 않기 때문이다. 오른손잡이는 언어 영역의 95%가 좌뇌, 5%가 우뇌에 있다. 왼손잡이는 언어 영역의 70%가 좌뇌, 30%가 우뇌에 걸쳐 있다. 이와 같은 맥락으로 오른손잡이는 언어, 분석, 수학적 능력에 일가견이 있고 왼손잡이는 우뇌가 발달해 예술이나 공간지각 능력이 뛰어나다고 한다. 어느 정도 일리 있는 말이지만, 최근 뇌과학 연구들은 통찰력과

창의성 같은 인간만의 독특한 뇌 활동은 좌뇌와 우뇌의 긴밀한 연결이 더 중요하다고 말한다. 따라서 좌뇌와 우뇌를 칼로 자르듯 구분 짓거나 오른손잡이와 왼손잡이 중 누가 더 좋다는 식으로 결론짓는 건 그다지 합리적인 판단이 아니다.

아래 그림을 보자. 이 그림은 뇌량(좌뇌와 우뇌의 신경세포를 연결하는 신경다발)이 손상된 아이가 왼손과 오른손으로 그린 그림이다. 뇌량은 좌뇌와 우뇌 사이에 위치해 양쪽 뇌의 기능과 정보를 교환하는 역할을 한다. 뇌량이 손상되면 왼손으로 그림을 그릴 때 우뇌의 기능만 사용해 입체감은 잘 나타나지만, 좌뇌의 기능을 전혀 사용하지 못해

[ 뇌량이 손상된 환자가 그린 그림 ]

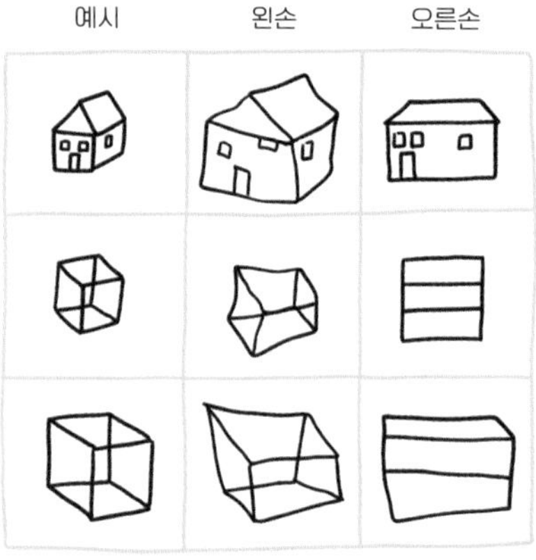

예시        왼손        오른손

뇌량이 손상되면 왼손으로 그림을 그릴 때 우뇌의 기능만 사용하기 때문에 입체감은 잘 나타나지만 선이 삐뚤빼뚤하다. 반면 오른손으로 그림을 그릴 때는 좌뇌의 기능만 사용해 선은 곧지만 입체감이 없다.

직선이 삐뚤빼뚤하고 바르게 연결하지 못한다. 반면 오른손으로 그린 그림은 좌뇌의 기능만 사용하기 때문에 직선이 곧고 잘 연결되지만 입체감은 찾아볼 수 없다. 이는 좌뇌와 우뇌의 상호협력이 얼마나 중요한지 보여주는 단적인 예다.

결국 왼손잡이의 우뇌, 오른손잡이의 좌뇌 중 어느 쪽이 더 낫냐를 논하는 건 과학적으로 큰 의미가 없을지도 모른다. 여러분은 어느 쪽 손을 사용하고 있는가? 왼손잡이 혹은 오른손잡이? 어떤 손이든 '잘못된 손'이 아닌 '자연스러운 손'으로 인식하길 바라는 마음이다.

# 인간의 뇌를 특별하게 만든 건?

인간은 두 발로 걷고 도구를 쓰며,
사회성을 바탕으로 고도화된 문명을 이루며 살아간다.

진정한 인간다움을 논할 때 '지능'은 결코 빼놓을 수
없는 요소다. 그리고 지능의 중심에 '뇌'가 있다.

그렇다면 도대체 인간의 뇌는 왜 이토록 특별해진 걸까?

부럽닭!

## 뇌의 크기가 곧 지능일까?

과거 과학자들은 뇌의 크기가 곧 지능이라고 생각했다. 하지만 향유 고래의 뇌만 봐도 사실이 아니란 걸 바로 알 수 있다. 향유고래의 뇌는 무려 8kg으로 1.2kg인 인간의 뇌보다 무려 6배나 무겁고 크다. 하지만 지능 면에서 향유고래는 인간을 따라오지 못한다.

신경과학자 수자나 허큘라노-하우젤Suzana Herculano-Houzel 박사는 지능을 결정짓는 주요 요소는 '신경세포의 밀도'라고 말한다. 영장류의 뇌가 다른 동물보다 특별한 이유는 같은 용적의 뇌에 담을 수 있는 신경세포의 개수가 다르기 때문이라는 의견이다. 한 예로 설치류의 경우 뇌의 신경세포 수가 10배 늘어나면 세포의 평균 크기가 4배 커지는데, 이렇게 커진 신경세포를 담으려면 뇌는 무려 40배 커져야 한다.

반면 영장류는 뇌의 신경세포 수가 10배 늘어도 세포 크기에 큰 변화가 없어 뇌가 10배 정도만 커져도 신경세포를 모두 담을 수 있다. 그래서 인간의 뇌는 질량 1.2kg에 용량은 1,350cc에 불과하지만 860

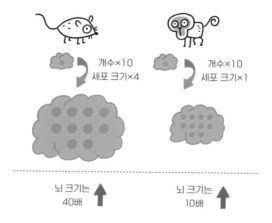

억 개의 신경세포를 담을 수 있다. 만약 설치류가 인간처럼 860억 개의 신경세포를 지니려면 뇌가 36kg쯤은 돼야 한다.

　그러나 많은 수의 신경세포를 지니고 사는 데엔 커다란 문제가 뒤따른다. 10억 개의 신경세포를 유지하려면 하루 평균 6kcal의 에너지가 필요하다. 이를 인간의 뇌에 대입해 계산하면 자그마치 하

루에 516kcal가 필요하다는 결론이 나온다. 고작 체중의 2%에 불과한 이 탐욕스러운 덩어리에 우리는 몸 전체에 필요한 에너지의 무려 25%를 투자해야 한다는 말씀! 그런데 바로 여기서 진화적 적응 문제가 발생한다.

## 인류 뇌 진화의 원동력은 육식?!

300만~400만 년 전, 오스트랄로피테쿠스가 등장할 때만 해도 인류의 뇌는 400cc에 불과했다. 그러다 200만 년이 흘러 호모 에렉투스 때에 이르러 뇌는 무려 1,000cc로 급팽창한다. 문제는 이렇게 뇌가 급속도로 커지면 앞서 말했듯 뇌의 탐욕을 채워줄 많은 열량 섭취가 동반돼야 한다는 것이다. 도대체 인류는 뇌에 필요한 그 많은 에너지를 어떻게 얻었을까? 일부 진화학자들은 그 답을 '육식'에서 찾았다. 적은 양으로 고열량을 내는 데 고기만 한 게 없기 때문이다.

1974년에 발견된 호모 에렉투스의 뼈 화석에서 육식동물의 간을 많이 먹었을 때 생기는 비타민A 과다증으로 인한 출혈 흔적이 보였다. 인류학자들은 이를 통해 호모 에렉투스 시절부터 인류가 육식을 시작했다고 추론했다. 그리고 이 시기는 인류의 뇌가 팽창한 시기와 잘 맞아떨어진다.

그러나 육식만으로 뇌의 폭발적 진화를 설명하기엔 몇 가지 걸림돌이 있다. 뇌가 폭발적으로 성장하기 전인 270만 년 전에도 동물

의 살을 발라 먹고 뼈를 깨서 골수를 먹었다는 화석 증거가 있다. 무엇보다 육식이 채식보다 고열량을 얻는 데 효율적이지만 날고기도 식물성 먹이만큼 씹고 소화하는 데 오랜 시간이 걸린다. 소화에 긴 시간과 에너지를 소비하면 뇌에 충분한 영양분을 공급하기 어렵다. 더구나 호모 에렉투스의 어금니는 좁고 뾰족해 질긴 날고기를 가차 없이 뜯어 먹기에 턱이 조금 빈약했다. 이렇듯 뇌의 진화를 설명하기 위해 등장한 '육식 가설'에는 중요한 퍼즐 하나가 빠진 듯 보였다.

## 불의 사용으로 인류의 뇌가 특별해졌다

그러던 1997년, 하버드대의 인류학자 리처드 랭엄Richard Wrangham은 뜨겁게 타오르는 벽난로를 멍하니 바라보다 뇌의 팽창을 설명할 수 있는 퍼즐 한 조각을 불현듯 떠올렸다. 그건 바로 '불'이었다. '고기를 불에 익혀 먹으면 연해져서 씹기 좋고 소화하기도 편하지 않을까? 어쩌면 인류의 뇌는 음식을 불에 익혀 먹으면서 폭발적으로 커진 게 아닐까?'란 생각이 그의 뇌리를 스쳤다. 그때부터 랜덤 교수는 증거를 모아 1999년, 이른바 '요리 가설'을 발표했다. 거칠고 섬유질이 많은 과일이나 식물의 뿌리를 그대로 먹으면 씹는 데 엄청난 시간과 에너지가 들어 뇌에 많은 양의 에너지를 효율적으로 공급할 수 없지만 불에 익혀 먹으면 상황은 달라진다는 내용이다. 음식물을 가열하면 연해지기 때문에 씹는 데 드는 시간과 에너지가 획기적으로 줄어들어 뇌에 필요한 에너지를 빠르게 충당할 수 있다. 아래 그래프에서 보듯 익힌 음식의 소화흡수율은 날것보다 월등히 뛰어나다.

기초대사량이 1,800kcal인 성인 침팬지는 하루 중 6시간을 먹이를 씹는 데 사용한다. 75kg 정도 나가는 오랑우탄은 하루에 8시간을 씹는 데 쓴다. 이렇게 씹고, 씹고, 또 씹어서 유지할 수 있는 뇌의 신경세포 수는 최대 300억 개에 불과하다. 즉 인간이 불로 음식을 익혀 먹

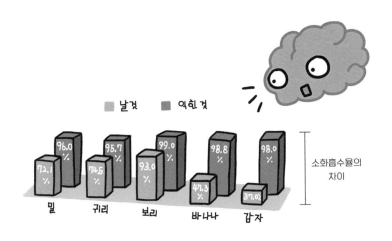

소화흡수율의 차이

지 않았다면 860억 개의 뇌 신경세포를 유지할 수 없다는 의미다.

1980년대 초 케냐의 호모 에렉투스 화석지인 쿠비 포라에서 불에 탄 석기와 점토가 발견됐다. 랭엄 박사는 이를 근거로 호모 에렉투스 시절부터 인류는 음식을 불에 익혀 먹었으며, 이 시기부터 인류의 뇌가 급팽창했다고 주장했다. 이렇게 혜성처럼 등장한 랭엄 교수의 요리 가설은 학계에 신선한 충격을 던졌다. 이 가설에 영감을 받은 진화생물학자들은 요리란 작은 불꽃이 일으킨 또 다른 진화의 불길을 언급하기 시작했다. 음식을 불에 익혀 먹으면서 인류는 지긋지긋한 병원균과 식물 독소로부터 더욱 안전해졌다는 주장이 대표적이다.

또 수렵 채집 시절 인류는 사냥에 실패하기 일쑤였는데, 주변에서 쉽게 구할 수 있는 식물의 뿌리나 과일을 불에 익혀 먹으면서 고기를 구하지 못해도 고열량의 음식을 안정적으로 확보할 수 있어 생존에 유리한 고지를 점령하게 됐다는 생물학자 레이첼 카모디Rachel N. Carmody 박사의 주장도 등장했다. 여기에 진화생물학자 피터 휠러Peter Wheeler 교수는 요리가 인류의 완전한 직립보행을 이끌었다고 주장했다. 오스트랄로피테쿠스 때만 해도 인류는 큰 소화기관 때문에 배가 불룩 나와 앞으로 허리를 숙인 채 엉거주춤 걸을 수밖에 없었다. 그러나 호모 에렉투스 때부터 요리로 인해 음식물을 빠르게 소화하면서 소화기관이 대폭 작아졌다. 덕분에 소화기관을 받치는 골반이 점차 좁아지고 허리도 가늘어지면서 지금처럼 허리를 곧추세워 걷게 됐다는 주장이다.

물론 이 요리 가설은 호모 에렉투스가 불로 요리를 했다는 확실

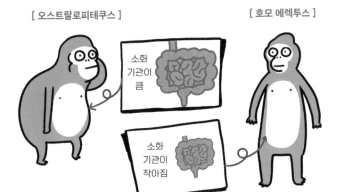

[ 오스트랄로피테쿠스 ]　　　　　　　[ 호모 에렉투스 ]

소화
기관이
큼

소화
기관이
작아짐

**초기 인류는 배가 불룩 나와 허리를 숙이고 걸었으나, 불을 다루고 음식을 익혀 먹으면서 점차 허리를 세우고 걷는 것이 가능해졌다.**

한 화석 증거가 없는 탓에 지금도 많은 반론에 부딪히고 있다. 또 요리가 먼저가 아니라 집단을 이루고 살며 뇌가 커진 게 먼저라는 시각도 있다. 뇌가 커진 뒤에야 인류는 불을 다루고 요리를 시작했으며 이를 통해 큰 뇌를 유지했다는 주장이다. 하지만 무엇이 먼저인가를 떠나 한 가지 분명한 사실은 인류는 요리 없이는 결코 지금의 탐욕스러운 뇌를 유지할 수 없다는 것이다.

　인류학자 칼턴 쿤Carleton S. Coon 박사는 이렇게 말했다. "우리를 인간적인 존재로 도약할 수 있게 만든 결정적 요인은 아마 화식의 도입일 것이다." 인류 최초로 불을 피워 음식을 구워 먹던 그 순간, 우리네 조상은 무슨 생각을 했을까? 흔하디흔한 먹거리와 요리에 인류의 도약을 이끈 진화사의 한 페이지가 존재한다는 사실이 놀랍지 않은가.

# 장염 환자에게 기생충 알
# 2,500개를 먹이면?

기생충은 어딘지 모르게
불결하고 불쾌하며
혐오스럽다.

그런데 이런 기생충도
쓸모가 있다.

바로 인류 건강을
위해서 말이다.

## 기생충이 약으로 쓰인다고?

혐오스러운 기생충이 현재 의료용으로 연구되고 있고 그 가능성이 밝다면 믿어지는가? 이 이야기는 제목처럼 장염 환자, 특히 자가면역질환인 '크론병' 환자를 기생충으로 치료하는 시도에서 시작된다. 자가면역질환은 자신의 항체가 자신의 세포를 공격하는 질병이다. 쉽게 말해 우리 몸의 면역계가 같은 편을 공격해서 발생한다. 크론병이 대표적으로, 이는 소화관 주변에서 과도한 면역반응이 일어나 장에 만성 염증이 발생하는 질병이다. 일종의 알레르기 반응인 셈이다.

그런데 크론병을 어떻게 기생충으로 치료한다는 걸까? 그 실마리는 바로 '위생가설'에서 출발한다. 위생가설은 인간이 지나치게 위생적인 환경에 살게 되면서 면역계가 공격할 장내 기생충이나 미생물이 체내에서 사라졌고, 그 결과 할 일이 없어진 면역계가 쓸데없이 과민반응을 일으켜 같은 편인 세포를 공격해 자가면역질환이 증가했다는 이론이다. 이 이론은 유사 과학이 아니다. 관련 논문이 꾸준히 발표되고 있으며 현재 많은 과학자가 동의하고 있는 내용이다.

와~
싸울 적이
생겼다!

이제
나는 공격
안 할 거지?

[ 기생충 ]

[ 면역계 ]      [ 자가 세포 ]

자, 그럼 이 위생가설을 역으로 되짚어보자. 면역계가 공격할 기생충을 체내에 넣는다면 어떻게 될까? 면역계 입장에서는 싸울 대상이 생기는 셈이기 때문에 같은 편을 공격하는 일이 줄어들 거라는 가정이 가능하다.

## 크론병 환자를 대상으로 한 돼지편충 실험

2005년 미국 아이오와대의 로버트 섬머Robert L. Summers 박사는 기생충으로 자가면역질환을 치료하는 연구를 최초로 진행했다. 그는 크론병환자들을 대상으로 돼지편충 알을 3주에 한 번 2,500개씩 24주 동안먹는 실험을 했다. 상상만으로도 끔찍한 실험처럼 보이지만 결과는놀라웠다. 29명의 환자 중 21명의 증세가 호전됐다. 다음 페이지의 그

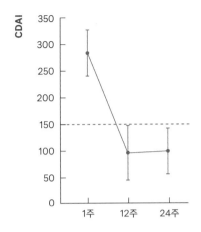

래프를 함께 보자. CDAICrohn's Disease Activity Index(크론병 활동 지수), 일명 크론병 질병 활동도가 대조군에 비해 돼지편충 알을 먹은 그룹이 훨씬 낮다.

이는 비단 크론병에 국한되지 않는다. 섬머 박사가 궤양성 대장염 환자를 대상으로 추가 실험을 한 결과 돼지편충 알을 먹은 환자 30명 중 13명의 증세가 현저히 호전됐다. 도대체 돼지편충 알은 장내에서 어떤 과정을 통해 자가면역질환을 치료하는 걸까? 아직 정확한 메커니즘은 밝혀지지 않았지만, 과학자들은 기생충이 사람의 체내에서 면역반응을 억제하는 '조절 T세포'를 활성화하는 것으로 추측하고 있다. 한 마디로 기생충이 사람의 면역 활동을 억제해 자신을 죽이지 못하게 한다는 의미다. 결국 기생충의 이기적인 행동이 자가면역질환 치료에 도움이 되는 것이다.

그런데 여기서 이런 궁금증이 생기지 않을 수 없다. 우리 체내에 들어온 돼지편충 알은 과연 안전할까? 질병관리본부 감염병분석센터 매개체분석과에서 발표한 자료에 따르면 안전하다. 미국과 유럽에서 크론병 치료에 사용하는 돼지편충 알에 대한 안정성과 유효성을 검증했는데, 실험에 참여한 환자에게서 어떠한 부작용이나 합병증이 관찰되지 않았다. 그리고 돼지편충 알은 인체에 어떠한 질환도 유발하지 않으며 다른 사람에게 전파되지 않는 것으로 밝혀졌다. 게다가 성충으로 자라도 장점막을 뚫고 인체 내부 조직으로 침투하지 못한다는 사실도 확인됐다.

기생충의 의료 효과가 속속 검증되면서 최근 유럽에서는 돼지편충 알이 궤양성 대장염 치료 의약품으로도 승인을 받았다. 물론 단점도 있다. 가격이 비싸다는 점이다. 안전을 위해 돼지편충 알을 무균 돼지에서만 구하기 때문이다. 무균 돼지의 생산 비용도 약값에 포함될

수밖에 없어서 돼지편충 알 500개에 30만 원이 넘는다.

## 기생충을 이용한 치료는 20세기 초에도 있었다?

또 하나 재미있는 사실! 기생충은 예전에도 질병 치료제로 사용된 적이 있다. 바로 신경매독 치료제로 '삼일열 말라리아'란 기생충이 사용됐다. 더 놀라운 건 이 치료법을 발견한 줄리어스 와그너<sub></sub>Julius Wagner-Jauregg 박사가 공로를 인정받아 1927년 노벨생리의학상까지 받았다는 사실이다.

항생제가 없던 시절, 신경매독은 안면 기형이나 사지마비 등 중추신경에 큰 피해를 입히는 치명적인 질병이었다. 당시 와그너 박사는 신경매독균이 열에 약하다는 사실을 발견하고 가벼운 고열 증상을 일으키는 삼일열 말라리아를 신경매독 환자에게 투여했다. 그랬더니 신경매독균이 거짓말처럼 사라졌다. 신경매독균이 사라진 직후 와그너 박사는 삼일열 말라리아를 죽이는 '키니네'란 약물을 환자에게 투여해 말라리아를 말끔히 치료했다.

물론 이 방법은 항생제가 대중화된 지금은 쓰지 않는다. 하지만 항생제가 없던 당시에는 정말 획기적인 치료법이었다. 무려 1950년대까지 신경매독을 이 방법으로 치료했을 정도니 기생충은 노벨상을 받을 만큼 충분한 가치가 있다.

최근에는 덜 해로운 기생충으로 아주 해로운 기생충을 퇴치하는

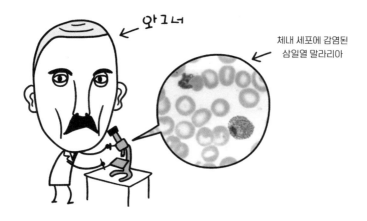

체내 세포에 감염된
삼일열 말라리아

와그너

와그너 박사는 삼일열 말라리아로 신경매독을 치료한 공로를 인정받아 노벨생리의학상을 받았다.

방법도 연구되고 있다. 바로 '회충'으로 인류 최대의 적인 말라리아를
때려잡는 방법이다. 여기서 말하는 말라리아는 앞서 말한 삼일열 말
라리아와 조금 다르다. 어쨌든 이 연구의 핵심은 회충을 감염시켜 말
라리아의 활동성을 저지하는 데 있다. 기생충끼리 경쟁을 붙이는 원
리다.

2006년 회충과 말라리아가 동시에 유행한 마다가스카르의 한 마
을에서 실제 이와 관련한 실험을 진행했다. 마을 사람들을 두 집단으
로 나누어 한 그룹은 회충과 말라리아를 한 번에 치료하고, 나머지 한
그룹은 말라리아만 치료했다. 그랬더니 놀랍게도 회충약을 함께 먹
은 그룹, 즉 회충을 죽인 집단의 말라리아 재감염률이 크게 증가했다.
이를 반대로 해석하면 회충 감염이 말라리아에 감염될 확률을 낮출
수 있다는 얘기다.

친구

여전히 기생충은 인간의 몸에 기생하며 피해만 준다고 생각하는 가? 물론 피해를 주는 기생충도 있다. 하지만 어쩌면 우리는 기생충의 한쪽 면만 보고 판단하는 건지도 모른다. 더럽고 역겹다고만 생각할 게 아니라 이제 기생충을 이용하고, 또 그들과 공생하면서 인류의 건 강을 증진할 수 있는 방법을 모색해야 하지 않을까?

# 공룡은 왜 이래?

# 옛날 옛적, 물고기는 왜 육지로 올라왔을까?

아주 먼~ 옛날, 약 3억 8,000만 년 전쯤 고생대 데본기의 지구 어느 해안가에서는 망둑어와 비슷하게 생긴 녀석들이 힘겹게 육지를 기어 다녔다.

영차! 영차!

흔히 교과서에서는 어류 중 일부가 진화해 양서류를 거쳐 파충류로 분화됐다고 하지만…

물속을 헤엄치는 물고기를 보고 있으면
어떻게 그런 일이 가능했을까 싶다.

다 사정이
있었지!

도대체 고생대에 무슨 일이 있었기에
물속에 살던 녀석들이 육지에 올라오게 된 걸까?

## 물고기인 듯, 물고기가 아닌, 물고기 같은 화석

때는 1881년, 영국의 고생물학자 조셉 프레드릭 Joseph Frederick 박사는 캐나다 퀘벡에서 기이한 화석 하나를 발견했다. 물고기인 것 같은데 지느러미가 길고 두꺼우며, 몸 안은 자잘한 가시 대신 두꺼운 뼈로 이루어져 있었다. 프레드릭 박사는 이 화석을 '에우스테놉테론'으로 명명했다. 많은 고생물학자는 이들의 지느러미가 땅 위를 걸을 수 있을 정도로 튼튼하진 않지만 얕은 물에서 땅을 짚어가며 헤엄치는 데 도움을 줬을 거라고 추론했다. 하지만 이 화석만으로 척추동물의 육상 진출을 설명하기엔 역부족이었다.

　그러던 1933년 스웨덴의 고생물학자 군나르 새비-소더베리 Gunnar Säve-Söderbergh는 그린란드의 한 지층에서 3억 6,400만 년 전에 살았던 또 다른 물고기 화석을 발견했다. 바로 '이크티오스테가'였다. 이들은 에우스테놉테론보다 훨씬 진화한 형태로 물고기보다 도롱뇽에 가까웠다. 이크티오스테가의 척추뼈 구조는 매우 복잡했는데, 이러한 골격 구조는 땅을 걸을 때 몸을 여러 방향으로 비트는 다양한 회전 동작

클리블랜드 자연사박물관에 전시된 에우스테놉테론 화석. 현재의 물고기와 달리 두꺼운 지느러미와 큰 두개골을 지니고 있다.

에 도움을 주었다. 게다가 골반이 없는 어류와 달리 이크티오스테가는 골반과 발가락을 온전히 갖고 있었다. 이는 이크티오스테가가 땅으로 올라와 천천히 기어 다녔다는 사실을 보여준다. 물론 수영에 적합한 넓고 두꺼운 꼬리를 보면 물과 땅을 수시로 오가며 생활했던 것으로 추측된다.

이후 학계에선 척추동물의 육상 진출에 대한 논의가 활발해졌다.

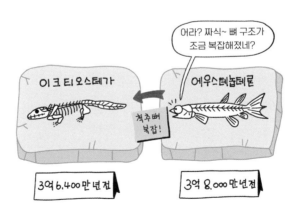

[ 3억 8,500만 년 전 ]　　　[ 3억 7,500만 년 전 ]　　　[ 3억 6,500만 년 전 ]

1950년대 미국의 고생물학자 앨프리드 셔우드 로머Alfred Sherwood Romer
는 에우스테놉테론 같은 물고기가 밀물 때 땅으로 밀려올라 왔다가
다시 물가로 돌아가는 과정을 반복하면서 지느러미가 발로 진화했다
는 설을 발표하기도 했다.

　　하지만 화석 분석 기술이 지금처럼 발달하지 않았던 데다 중간
단계의 화석이 부족한 탓에 어류가 땅으로 올라오는 과정을 명확히
설명하기 어려웠다. 무엇보다 진화론을 부정하는 사람들의 비판에
시달릴 수밖에 없었다. 진화 과정을 명백히 보여주는 중간 단계의 화
석이 많이 발견돼야 해당 주장이 설득력을 얻을 수 있기 때문이다.

## 무엇이 물고기의 위대한 도약을 이끌었을까?

1987년, 드디어 에우스테놉테론과 이크티오스테가의 중간 단계 화석인 '아칸토스테가'가 발견됐다. 이어 2006년엔 3억 7,500만 년 전에 살았던 '틱타알릭' 화석이 발견되면서 어류가 땅으로 올라온 과정에 대한 실마리가 풀리기 시작했다. 이들은 모두 아가미를 지닌 사지형 어류로, 두툼한 뼈로 된 발(지느러미) 외에 육상동물의 특징 중 하나를 더 지니고 있었다. 바로 '공기구멍'이다. 특히 구멍 그 자체가 아니라 구멍의 위치가 고생물학자들의 이목을 끌었다. 사실 물고기도 숨구멍을 지니고 있는데, 보통 아가미 옆에 위치한다. 그래서 먹이를 먹을 때 입을 대신해 물을 빨아들이는 역할을 한다. 반면 어류의 육상 진출 과도기라 할 수 있는 데본기의 사지형 어류는 숨구멍이 모두 두개골 위쪽에 위치해 있다. 이건 대체 뭘 의미하는 걸까?

이 숨구멍의 위치는 이들 어류가 수면 밖으로 나오거나 수면 위로 고개를 내밀어 호흡했다는 증거다. 좀 억측 같지만, 실제 현생 물

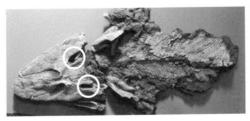

틱타알릭 화석(왼쪽)과 복원도(오른쪽). 두개골 위쪽에 2개의 숨구멍이 보인다.

고기 중 이렇게 두개골 위쪽에 난 숨구멍으로 공기 호흡을 하는 물고기가 있다. 2014년 생물학자 제프리 그레이엄Jeffrey B. Graham은 '폴립테루스 비키르'란 물고기가 어류임에도 불구하고 부레가 변형된 원시적인 폐를 지니고 있으며, 산소가 부족할 때는 수면 위로 올라와 숨구멍을 열고 공기 호흡을 했다는 사실을 《네이처》에 발표했다. 이를 바탕으로 과거 땅으로 올라오려던 사지형 어류의 숨구멍이 두개골 위쪽에 위치한 것 역시 이들이 물 밖에서 공기 호흡을 한 증거라고 주장했다. 그리고 이들은 오늘날의 폐어Lungfish(폐를 호흡의 보조 도구로 이용하는 물고기)처럼 숨구멍으로 빨아들인 공기를 부레(원시적인 폐)로 보내 호흡했을 거라고 설명했다.

실제 폐어의 부레에는 육상동물의 폐처럼 수많은 혈관이 있으며, 공기에서 빨아들인 산소를 혈관을 통해 체내로 공급한다. 다시 요약하자면 땅을 짚을 수 있는 짧고 굵은 원시적인 발, 공기를 들이마실 수 있는 숨구멍, 또 들이마신 산소를 체내 구석구석으로 보내는 원시적인 폐(부레)까지 이 3박자가 물고기의 위대한 도약을 이끈 것이다.


## 왜 육지로 올라와야만 했을까?


그런데 물속에서 잘 살던 물고기가 왜 굳이 땅으로 기어 나와야 했을까? 도대체 어떤 선택압(자연선택이 일어나도록 하는 압력)이 이들을 육지로 내몰았을까? 이에 대한 설은 꽤 다양하다. 대표적으로 영국의 고

생물학자 제니퍼 클랙Jennifer A. Clack은 데본기 당시 얕은 바다에 어류가 급속도로 많아지면서 경쟁이 심해지고, 생태계가 비좁아진 탓에 어류 중 일부가 육상으로 진출할 수밖에 없었다는 가설을 제시했다. 일본의 기타큐슈 자연사박물관의 요시타카 야부모토Yoshitaka Yabumoto 박사는 당시 육지에 곤충과 식물이 존재했기 때문에 사지형 어류가 영양가 높은 먹이를 찾아 육지로 올라왔을 거라고 주장하기도 했다.

최근에는 데본기 말 대멸종을 불러온 해양의 산소 부족설도 주목받고 있다. 데본기에 이미 육상에 진출한 식물들이 암석과 토양을 풍화시켜 다량의 무기염류가 바다로 흘러 들어갔고(바다나 호수에 유기물과 영양소가 들어와 물속의 영양분이 많아지는 부영양화 현상), 바다에는 이를 영양분으로 삼는 녹조류가 대규모로 번성하면서 극심한 녹조현상이 나타났다. 문제는 녹조류가 죽고 난 다음부터 일어났다. 이 녹조류의 사체들을 호기성 세균이 분해하는 과정에서 물에 녹아 있는 산소를 소모했고, 결국 물의 용존산소량이 줄어들자 어류 중 일부가 호흡을 위해(선택압) 육상 진출을 택할 수밖에 없었다는 주장이다. 물론 어류의 도약을 이끈 원인은 한 가지가 아니라 여러 환경이 복합적으로 작용했을 것이다.

3억 8,000만 년 전, 산소가 부족한 어느 웅덩이에서 가쁜 숨을 몰아쉬며 어설픈 발로 땅을 기어 다녔을 물고기를 상상해보자. 인류를 비롯한 육상의 모든 척추동물의 역사는 생존을 향한 이들의 처절한 몸부림에서 시작된 것이다.

# 중생대 연대기 : 大파충류의 시대

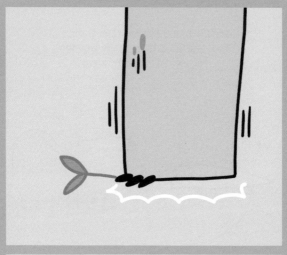

이제 파충류 시대의 서막이 열린 것이다.

## 트라이아스기 공룡의 등장

중생대의 첫 무대인 트라이아스기, 바다에는 몇몇 연골어류가 근근이 삶을 이어가고 있었다. 해안가 어딘가에선 몸길이가 40cm에 불과한 카르토린쿠스 같은 초기 해양파충류가 등장해 텅 빈 생태적 틈새를 채우기 시작했다. 육지와 바다를 오가며 살았던 이들 중 일부는 이후 바다 생활에 완전히 적응한 믹소사우루스나 쇼니사우루스 같은 어룡으로 진화해 중생대 초기 바다의 패권을 차지했다.

그리고 육지에서는 페름기 대멸종을 견뎌낸 원시 양서류와 리스트로사우루스 같은 단궁류, 길이가 5m를 훌쩍 넘고 악어를 닮은 파충류가 주요 동물군으로 자리매김하기 시작했다. 그 와중에 생태계 어느 한구석에서 쭈구

[ 에오랍토르 ]

출처 | 위키미디어

리 신세를 면치 못한 녀석이 있었으니, 바로 '공룡'이다.

　　니아사사우루스, 에오랍토르, 헤레라사우루스 등 초기 공룡은 약
2억 4,000만 년 전에 등장했다. 당시 동물종의 고작 6%에 불과한 별
볼 일 없는 지배파충류(새와 공룡을 포함하는 이궁류 파충류의 일종)였다.

　　그러다 약 2억 3,200만 년 전 전세를 역전시키는 사건이 일어났
다. 현 알래스카 부근에서 거대한 용암이 분출하며 다량의 온실가스
가 배출됐고, 이로 인해 지구는 급격한 기후변화를 맞이하게 됐다. 일
명 '카르니안절 우기 사건Carnian Pluvial Episode'이다. 이 사건은 무려 200만
년 동안 지구 곳곳에 비를 뿌리며 대홍수를 일으키는가 하면 때때로
극심한 가뭄을 불러오는 등 지구 환경에 재앙을 안겼다. 이때 많은 동
물이 멸종했다. 하지만 공룡은 살아남았다. 여타 지배파충류와 달리
아래로 곧게 뻗은 다리와 기낭(조류와 곤충의 폐 속에 들어 있는 공기주머
니로, 그 안으로 공기가 드나들며 몸의 무게를 조절한다)을 지녀 기동력이
뛰어나고 효율적인 호흡이 가능했기 때문이다. 이를 바탕으로 공룡

은 건조하고 산소 농도가 낮아진 생태계에서 우위를 점하며 적응방
산適應放散(하나의 조상 종에서 많은 수의 후손 종들이 빠르게 진화하는 현상)
할 수 있었다.

2018년 카르니안절 우기 사건을 연구해《네이처 커뮤니케이션
즈Nature Communications》에 발표한 마시모 베르나르디Massimo Bernardi 박사
는 트라이아스기 중후기에 벌어진 이 멸종 사건이 공룡의 번성에 가
장 큰 역할을 했다고 주장했다. 실제 트라이아스기 초기, 동물종의
6%를 차지했던 공룡은 트라이아스기 후기로 넘어오면서 그 비율이
무려 90%로 늘어났다. 이런 행운의 기회를 잡은 당시 공룡은 대부분
용반목(골반 구조가 지금의 새와 비슷한 공룡 무리)이었다. 처음에는 코엘
로피시스 같은 육식성 수각류(날카로운 이빨과 발톱으로 무장한 공룡)가
대세였는데 이들 중 몇몇은 초식을 했고, 다른 몇몇은 용각류(목과 꼬
리가 길며 네발로 걷는 공룡 무리)로 진화하는 등 공룡의 종이 점차 다양
해지기 시작했다.

그런데 이런 급격한 적응방산은 비단 육지에만 국한되지 않았다.

[ 코엘로피시스 ]

출처 | 위키미디어

[ 에우디모르포돈 ]

출처 | 위키미디어

지배파충류 중 일부는 팔 주변의 피부막을 확장하며 에우디모르포돈, 카비라무스, 프레온닥틸루스, 페테이노사우루스 같은 익룡으로 진화하기 시작했다. 척추동물이 최초로 하늘을 나는 순간이었다.

물론 진화 초기에는 샤로빕테릭스처럼 팔이 아닌 다리에 비막(날 수 있는 육상 척추동물의 앞다리나 뒷다리 등에 피부의 주름으로 형성된 막)을 지닌 파충류도 있었다. 여기서 한 가지 짚고 넘어가야 할 사실은 익룡은 공룡이 아니라는 것이다. 공룡과 익룡을 구분하는 가장 쉬운 방법은 바로 '골반뼈'다. 공룡의 골반뼈에는 구멍이 있고 이 구멍에 허벅지 뼈가 쏙 끼워지는 구조다. 반면 익룡은 골반뼈에 구멍이 없고, 단순히 뼈가 움푹 들어간 곳에 허벅지 뼈가 있기 때문에 공룡으로 분류하지

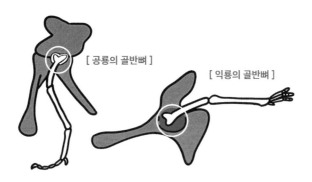

[ 공룡의 골반뼈 ]

[ 익룡의 골반뼈 ]

공룡은 익룡과 달리 골반뼈에 허벅지 뼈가 끼워지는 구멍이 있다.

않는다. 공룡의 골반뼈 모양은 내용 이해를 위해 중요하니 꼭 기억해 두자.

다시 본론으로 돌아와, 초기 익룡은 우리가 알고 있는 익룡과 달리 크기가 매우 작았다. 윙스팬Wingspan(양 날개를 펼쳤을 때 한쪽 날개 끝에서 다른 쪽 날개 끝까지의 길이)은 1m 남짓했고, 몸길이도 수십 cm에 불과했다. 지금의 새와 비슷한 크기였다. 한편 바닷속에서는 어룡 외에 또 다른 진화의 물결이 일어났다. 약 2억 3,000만 년 전쯤 해양 파충류 중 일부가 플레시오사우루스류처럼 목이 긴 수장룡으로 진화의 가지를 뻗어 나가기 시작했다. 물론 훗날에는 목이 짧은 플리오사우루스류도 등장한다. 이렇듯 트라이아스기의 하늘과 땅 그리고 바다에는 가양각색의 파충류가 서서히 자리를 잡았다.

## 트라이아스기 대멸종과 공룡의 번영

약 2억 100만 년 전, 초대륙 판게아Pangaea(현재의 모든 대륙이 하나의 거대한 대륙을 이루고 있을 때의 이름)가 분리되면서 대규모 화산 활동이 일어나고 지구 곳곳에서는 다량의 온실가스가 분출됐다. 이는 곧 '트라이아스기 대멸종'으로 이어졌다. 그 결과 대형 양서류와 단궁류, 일부 파충류 등 고생대의 잔재가 말끔히 사라졌다. 덕분에 이때 살아남은 공룡과 다른 파충류는 생태적 틈새를 한 번 더 빠르게 채울 수 있었다. 특히 공룡 중에서 용반목 외에 조반목 공룡이 더욱 다양해졌다.

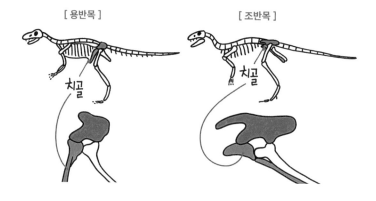

[ 용반목 ]                    [ 조반목 ]

치골                          치골

조반목 공룡은 용반목과 달리 골반뼈 중 치골이 뒤쪽을 향해 있다. 이는 상대적으로 소화기관이 자리할 수 있는 공간이 넓어지는 효과가 있다.

　덕분에 초식성인 조반목 공룡은 큰 소화관을 갖게 되어 먹이 경쟁에서 우위를 차지했고, 이후 쥐라기 후기와 백악기에 걸쳐 큰 번영을 누렸다. 특히 쥐라기 후기로 갈수록 산소 농도가 짙어지고 초식 공룡은 질긴 식물을 소화하기 위해 장이 길어지면서 덩달아 몸집도 거대해졌다. 그래서 쥐라기 후기에는 그 이름도 유명한 브라키오사우루스, 기라파티탄 같은 거대 용각류와 스테고사우루스처럼 큰 검룡류(등에 골판이 있고 꼬리 쪽에 날카로운 골침이 있는 공룡)가 등장해 대륙을 활보한다. 결국 자연스레 이들의 천적인 날카로운 이빨과 발톱으로 무장한 수각류 공룡 중 일부가 몸집이 커지는 선택압을 받으면서 알로사우루스처럼 큰 육식 공룡이 등장했다.

　하지만 당시 수각류 공룡에게 나타난 가장 큰 변화는 따로 있다.

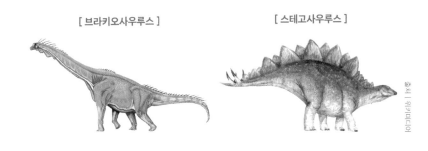

[ 브라키오사우루스 ]  [ 스테고사우루스 ]

바로 '깃털'이다. 쥐라기 후기인 1억 5,000만 년 전쯤 안키오르니스와 카이홍 주지처럼 깃털을 지닌 수각류가 등장했다.

그렇다면 쥐라기에 우리 인류의 조상님들은 뭘 하고 있었을까? 안쓰럽게도 공룡들 틈바구니에서 조용히 숨어 살았다. 트라이아스기 후기에 처음 등장한 포유류의 조상은 손가락만 한 크기였기 때문에 쥐라기에 들어서도 공룡들의 먹잇감일 뿐이었다. 이렇듯 쥐라기는 그야말로 공룡의 전성시대였다.

[ 카이홍 주지 ]

## 백악기에 더없이 번성한 공룡

그리고 시간은 흘러 백악기로 접어든다. 대륙이 계속 나뉘고, 이로 인해 공룡은 지리적으로 격리되면서 종이 더 세분화된다. 그런데 공룡도 공룡이지만 백악기에 일어난 가장 큰 사건을 꼽자면 바로 '꽃'의 등장을 빼놓을 수 없다. 꽃을 피우는 속씨식물은 기존 식물과 달리 꿀을 통해 딱정벌레, 벌, 나비 등 여러 곤충과 협력해 수정하는 전략을 취했고, 이는 곧 성공적인 번식으로 이어졌다. 꽃은 백악기는 물론 지금까지 생태계의 근간을 이루는 식물로 자리매김했다. 더불어 당시 꽃을 매개한 나비와 벌은 백악기 곤충 중 작은 그룹에 속했지만 꽃과 함께 번성해 오늘날 톱클래스에 속하는 거대 군으로 거듭났다.

한편 백악기에 들어서면서 검룡류 공룡이 쇠퇴하고, 이들의 지위는 갑옷공룡인 곡룡류와 트리케라톱스 같은 뿔공룡에게 넘어간다. 이들과 친척 관계인 후두류도 번성했는데, 박치기 공룡 파키케팔

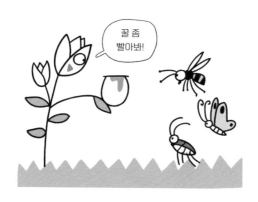

[ 트리케라톱스 ]    [ 파키케팔로사우루스 ]

출처 | 위키미디어

로사우루스가 대표적이다. 거대 용각류도 많이 멸종했지만 남쪽에서
아르젠티노사우루스처럼 지구 역사상 가장 큰 용각류가 등장하는 등
마지막 불꽃을 태웠다.

　파충류의 거대화는 하늘에서도 일어났다. 백악기까지 지속적으
로 증가한 산소 농도 덕분에 익룡 역시 계속 몸집이 커졌다. 백악기
후기에 등장한 케찰코아틀루스가 대표적으로, 이들의 윙스팬은 무
려 10m에 달했다. 키는 기린과 맞먹었으며 몸무게는 200kg이 넘었
다. 그야말로 백악기의 점보 비행기였다. 다시 땅으로 내려와 공룡 중
에서 수각류도 크게 번성했다. 공룡계의 슈퍼스타, 티라노사우루스가

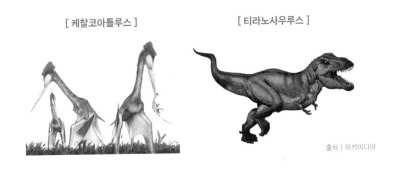

[ 케찰코아틀루스 ]    [ 티라노사우루스 ]

출처 | 위키미디어

냠냠!
공룡 고기
맛있네!

베엘제부포는 백악기에 살았던 거대 양서류로, 작은 공룡을 잡아먹었다.

이때 등장했다. 스피노사우루스와 기가노토사우루스, 유타랍토르, 유티라누스, 카르노타우루스 등 크고 다양한 수각류가 백악기 대륙을 수놓았다. 물론 백악기에는 아주 작은 수각류도 있었다. 재미있는 건 약 6,800만 년 전 마다가스카르 섬에는 이런 소형 수각류를 잡아먹는 베엘제부포 같은 초거대 양서류도 살았다는 사실이다.

그리고 백악기에는 대륙이 나뉘어 있어 대부분 공룡이 격리돼 있었지만, 모두 그런 건 아니었다. 일부 대륙이 육지로 연결된 덕분에 이구아노돈류 공룡은 유럽에서 아시아와 북아메리카 양쪽으로 진출했다. 뿔공룡과 티라노사우루스류는 베링육교(시베리아와 알래스카 사이를 연결하는 육지)를 통해 아시아에서 아메리카 대륙으로 넘어가 대형종으로 진화했다. 공룡이 먼 거리를 이동했다는 대표적인 증거로 사우롤로푸스를 들 수 있는데, 이들의 화석은 몽골과 중국 그리고 멀리 떨어진 캐나다와 미서부에서 동시에 발견된다. 이렇듯 백악기에는 쥐

[ 사우롤로푸스 ]

라기보다 더 다양한 공룡이 살았다. 더불어 하늘에서는 익룡, 바다에서는 모사사우루스 같은 해양파충류가 번영을 누렸다. 딱 6,500만 년 전까지 말이다.

## 소행성 충돌과 공룡의 멸종

운명의 장난일까? 6,500만 년 전 느닷없이 지구로 날아든 소행성은 하늘, 땅, 바다 가릴 것 없이 수많은 파충류를 지구에서 사라지게 했다. 공룡 역시 예외는 아니다. 대부분의 공룡이 역사의 뒤안길로 사라졌다. 잠깐! 바로 여기서 대부분이란 단어가 중요하다. 이는 '모든' 공룡이 멸종하진 않았다는 의미다. 수각류 중 일부인 '새'라는 공룡이 살아남았기 때문이다. 앞서 언급한 공룡의 골반뼈를 기억하는가? 골반뼈에 구멍이 있고, 이 구멍에 허벅지 뼈가 쏙 들어가면 모두 공룡으로 분류할 수 있다고 했는데 악어와 익룡 그리고 수장룡이 공룡이 아닌

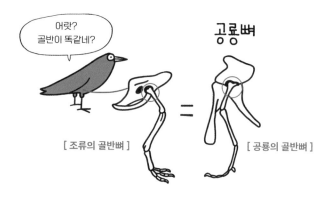

[ 조류의 골반뼈 ]    [ 공룡의 골반뼈 ]

건 골반뼈가 다르기 때문이다. 그런데 놀랍게도 새의 골반뼈는 공룡과 그 형태가 똑같다.

그러니까 한 마디로 새는 곧 공룡이며 닭도, 오리도, 비둘기도 모두 공룡이다. 이는 현재 공룡학계의 정설이다. 이렇게 분류하면 파충류 안에 공룡이 있고, 새는 공룡 안에 포함된다. 그런데 이럴 경우 파충류에 조류가 속하게 되는 어처구니없는 일이 벌어진다. 그래서 최근

에는 조류와 파충류를 따로 구분하지 않고 공룡까지 한데 묶어 '석형류'라고 부른다. 그러니까 다시 해석하면 새라는 수각류 공룡은 백악기 대멸종에도 굴하지 않고 신생대에도 나름 잘 번성했다는 얘기다.

백악기 대멸종 이후, 땅에서는 공포새 같은 거대한 새가 등장해 최상위 포식자의 지위를 누렸다. 익룡이 사라진 하늘 역시 맹금류가 독차지했는데, 이 과정에서 과거 케찰코아틀루스에 버금가는 아르겐타비스라는 거대한 새가 등장하기도 했다. 오늘날에도 새라는 공룡은 남극은 물론 지구 전역에서 여전히 번성하고 있다. 현재 포유류가 5,500여 종, 조류가 1만여 종이란 사실을 보면 신생대를 과연 포유류의 시대라고 말할 수 있을까 다시 생각해볼 문제다.

중생대 시절, 공룡 틈바구니에서 쭈구리처럼 지내며 이들의 먹잇감에 불과했던 포유류. 그러나 먼 훗날 아주 우연한 계기로 지능을 갖춘 이들의 후예가 등장해 공룡(치킨)을 먹고 있다는 사실이 참 아이러니하다.

# 티라노사우루스의 앞발은
# 왜 이렇게 짧았을까?

백악기를 호령한 공룡 티라노사우루스!

드루와~!

드루와~!

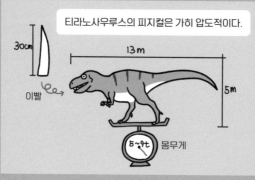

티라노사우루스의 피지컬은 가히 압도적이다.

30cm

이빨

13m

5m

5~9t 몸무게

무는 힘은 3만~5만N에 달했으니, 아마
많은 초식 공룡들은 티라노사우루스를 보고
오줌을 지렸을지도 모른다.

## 티라노사우루스의 앞발은 처음부러 작지 않았다?!

티라노사우루스는 거대한 몸집에 비해 앞발은 터무니없이 작다. 사실 티라노사우루스 말고 이렇게 짧은 팔을 지닌 육식공룡이 있긴 했지만, 작은 앞발은 모든 육식공룡에게 나타나는 전형적인 특징은 아니다. 쥐라기 후기의 포식자 알로사우루스나 반수생 공룡인 스피노사우루스는 제법 큰 앞발을 지니고 있었다. 그렇다면 티라노사우루스는 어쩌다 이렇게 작은 앞발을 갖게 됐을까?

공룡시대의 서막이 열린 직후 등장한 공룡들은 대체로 사족보행을 했다. 그리고 시간이 지나면서 이족보행을 하는 공룡들이 점차 늘어났다. 덕분에 쥐라기 초기 등장한 일부 이족보행 육식공룡들은 긴 앞발을 자유롭게 사용했다. 그렇다면 티라노사우루스의 조상은 어땠을까? 티라노사우루스의 진화 계통도를 따라 쥐라기까지 거슬러 올라가면 그들의 조상은 처음부터 앞발이 짧지 않았다는 사실을 알 수 있다.

2006년 중국 고비사막에서 발견된 티라노사우루스의 조상격인

(티라노사우루스상과의 시작점) '구안롱' 화석이 바로 그 증거다. 몸길이가 3m밖에 되지 않아 티라노사우루스의 조상이 맞나 싶지만 이들은 화석 형태학적으로 티라노사우루스상과에 속한다. 구안롱은 앞발이 길었고, 티라노사우루스와 비교가 안 될 정도로 머리가 작았다. 그리고 아래 그림에서 보듯 티라노사우루스의 조상들은 쥐라기 후기까지만 해도 대체로 체구가 작고, 긴 앞발과 작은 머리를 지녔다.

하지만 2,500만 년이 지나는 동안 이들의 모습은 조금씩 변했다. 백악기 전기에 등장한 '랍토렉스(티라노사우루상과에 속함)'가 대표적이다. 이들의 덩치는 조상인 구안롱과 비슷했지만 머리는 이전보다 약 3분의 1 정도 커졌고 앞발은 절반 가까이 짧아졌다. 마치 티라노사우루스의 청소년기 모습 같았다. 그리고 백악기 후기로 갈수록 그들의 몸집과 머리는 조금씩 커지는 방향으로 선택압을 받아 진화하기 시작했다. 어떤 선택압 때문에 '큰 머리'를 갖추게 됐는지 정확히 밝혀지진 않았다. 하지만 결과적으로 이들의 큰 머리는 강력한 치악력(이빨로

[ 티라노사우루스의 조상들 ]

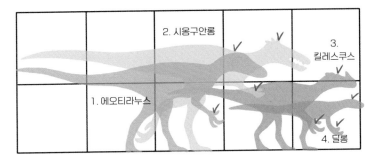

2. 시옹구안롱

3. 킬레스쿠스

1. 에오티라누스

4. 딜롱

무언가를 쥐거나 물어뜯는 힘)이란 장점을 가져다주었고, 덕분에 티라노
사우루스는 북아메리카 대륙을 누비며 초식동물을 손쉽게 사냥했다.
그런데 몸과 머리가 이렇게 커지는 동안 앞발은 왜 지속적으로 짧아
졌을까?


## 티라노사우루스 앞발의 진짜 용도는?


대다수의 고생물학자들은 이에 대한 이유로 '신체 균형'을 지목한다.
공룡처럼 이족보행을 하는 우리 인간은 걷거나 뛸 때 팔을 흔들며 상
체 균형을 유지한다. 반면 티라노사우루스는 길고 딱딱한 꼬리로 무
게 중심을 잘 잡을 수 있기 때문에 긴 앞발은 무게 중심을 잡는 데 오
히려 걸림돌이 된다는 의견이다. 메릴랜드대의 토마스 홀츠Thomas Holtz
교수는 티라노사우루스는 머리가 커서 앞발이 길면 길수록 보행에
방해가 되고, 심하면 앞으로 고꾸라질 수 있다고 주장했다. 그러나 진

짜 문제는 따로 있다. 만약 팔이 보행에 방해가 됐다면 완전히 퇴화되는 편이 유리하다. 그런데 티라노사우루스의 앞발은 퇴화되지 않고 어딘가 쓰임새가 있는 듯 애매하게 작은 크기로 남았다. 사실 티라노사우루스의 작은 앞발에 대한 쓰임새는 꽤 오래전부터 고생물학자들을 괴롭혀 온 수수께끼였다.

1906년 미국의 고생물학자 헨리 페어필드 오스본Henry Fairfield Os-born 교수는 짧은 앞발이 '구애용'이라고 주장했다. 티라노사우루스의 수컷이 암컷을 긁거나 안을 때 사용했을 거라고 추측했다. 마치 지금의 파이톤과 보아뱀 수컷이 구애하는 동안 배설강(양서류, 파충류 등에 있는 부위로 배설기와 생식기를 겸하고 있는 구멍) 옆에 난 작은 발톱으로 암컷을 자극하는 것과 비슷하다. 물론 오스본 교수의 주장은 추측일 뿐 명확한 증거는 없다. 이후 1970년 런던 자연사박물관의 고생물학자 바니 뉴먼Barney Newman은 티라노사우루스가 넘어졌을 때 몸을 일으켜 세우는 보조 역할을 앞발이 했다고 주장했다. 하지만 이 역시 추측뿐인 주장이라 널리 받아들여지지 않았다.

그러다 2001년, 드디어 실험을 바탕으로 한 주장이 등장한다. 고생물학자 케네스 카펜터Kenneth Carpenter 박사는 티라노사우루스 앞발 화석에 붙은 근육의 흔적을 발견했다. 이는 앞발이 강하진 않더라도 움직일 수 있다는 증거였다. 카펜터 박사는 생체역학 분석을 통해 티라노사우루스의 앞발은 199kg 정도 들 수 있었다는 내용을 논문으로 발표하면서 이들의 앞발이 분명 어딘가 쓸모가 있었을 거라고 주장했다.

상황이 이렇게 흘러가자 2010년대 이후 티라노사우루스 앞발의 용도에 대해 여러 주장이 쏟아져 나왔다. 2014년 뉴욕주립대 제네시오의 사라 버치Sara Burch 교수는 오스본 박사의 '구애용 앞발설'을 지지했다. 2017년 하와이주립대 마노아의 고생물학자 스티브 스탠리Steven Stanley 박사는 앞발톱의 길이가 앞발가락의 4분의 1을 차지한다는 사실을 토대로 구애용이란 낭만적인 가설보다 발버둥치는 사냥감을 지속적으로 할퀴면서 지치게 만들었을 거라고 주장했다.

그리고 그 이듬해인 2018년, 미국 뉴저지주에 위치한 스톡턴대의 매튜 보넌Matthew F. Bonnan 교수는 다소 재미있는 주장을 펼쳤다. 티라노사우루스는 앞발을 머리 쪽으로 움직일 수 있기 때문에 앞발로 고깃덩어리를 입 가까이 가져가는 데 사용했을 거라고 말했다. 이렇듯 다양한 가설이 쏟아져 나왔지만 아쉽게도 아직 정설은 없다. 왜냐하면 뚜렷한 화석상의 증거가 없기 때문이다. 예를 들어 앞발이 할퀴는 용도라는 주장이 증명되려면 초식공룡 화석에서 티라노사우루스의 앞발톱에 긁힌 흔적이 나와야 하는데, 그런 화석은 아직 발견되지 않았

다. 구애용 가설 역시 마찬가지다. 암컷과 수컷 티라노사우루스의 구애 행동 흔적이 담긴 구체적 화석 증거가 없어 정설이 될 수 없다. 이런 이유로 일부 학자들은 티라노사우루스의 앞발은 그냥 진화의 부산물일 뿐 어떤 기능도 목적도 없다고 주장한다.

　너무 작아서 무심코 지나쳤던 작은 앞발 하나에 이렇게 많은 과학 이야기가 숨어 있다는 사실이 정말 놀랍지 않은가.

# 스피노사우루스는 등에 달린 돛을 어디에 썼을까?

영화 〈쥬라기공원3〉를 보면 티라노사우루스를 압도하는 어마무시한 공룡이 등장한다.

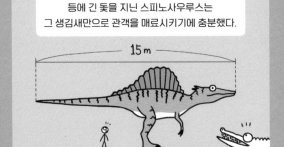

등에 긴 돛을 지닌 스피노사우루스는 그 생김새만으로 관객을 매료시키기에 충분했다.

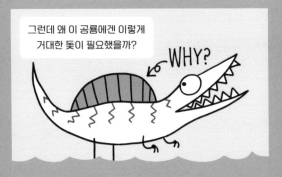

그런데 왜 이 공룡에겐 이렇게 거대한 돛이 필요했을까?

## 스피노사우루스의 발견

1912년 독일의 고생물학자 에른스트 슈트로머Ernst Stromer von Reichenbach
는 이집트 서부 바하리야 백악기 지층에서 신기한 공룡 화석 몇 점을
발견했다. 그것은 바로 아래턱과 이빨 몇 개, 척추뼈 그리고 긴 등뼈(신
경배돌기)였다. 독특한 모양의 등뼈를 눈여겨본 슈트로머 박사는 1915
년, 이 공룡에게 '이집트 척추 도마뱀'이란 뜻의 '스피노사우루스 아에
깁티아쿠스'라는 이름을 붙였다.

　　그는 아래턱에 있는 원뿔형의 뾰족한 이빨 등으로 미루어볼 때 스
피노사우루스가 티라노사우루스와 같은 수각류 육식공룡일 거라고
생각했다. 그래서 마치 티라노사우루스가 등에 돛을 단 모습으로 복원
을 진행했다. 물론 당시엔 스피노사우루스의 화석이 몇 점 없었고, 공
룡은 꼬리를 땅에 질질 끌고 다닌다는 생각이 지배적이어서 지금과
는 많이 다른 복원도가 나왔다. 하지만 슈트로머 박사의 머릿속엔 몇
가지 의문이 맴돌았다.

"왜 이빨은 톱니가 아니고 뾰족한 원뿔 모양이지?"

"특히 척추뼈에 달린 저 거대한 신경배돌기는 역할이 뭐지?"

디메트로돈도 긴 신경배돌기가 있지만 스피노사우루스만큼 굵지 않다. 고민에 빠진 슈트로머 박사는 문득 들소에서 힌트를 얻었다. 들소의 어깨 부분엔 높이 솟은 신경배돌기가 있는데 이는 강한 근육으로 목뼈와 연결된다. 그래서 들소의 목 뒷부분은 혹처럼 튀어나와 있고 덕분에 들소는 머리를 삽처럼 활용해 눈을 치울 수 있다. 슈트로머 박사는 스피노사우루스의 신경배돌기도 목을 강하게 지탱하는 역할을 했을 거라고 추측했다. 하지만 들소의 신경배돌기는 목 주변에만 길게 튀어나와 있는 반면 스피노사우루스의 신경배돌기는 등 전체에 포진되어 있어 그의 주장은 정설로 받아들여지지 않았다. 하지만 이후 거의 100년 가까이 스피노사우루스의 화석은 한 점도 발견되지

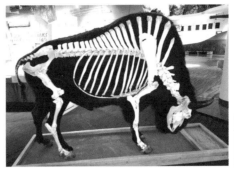

들소의 화석 사진. 슈트로머 박사는 들소의 신경배돌기가 목을 지탱하듯 스피노사우루스의 신경배돌기 역시 비슷한 역할을 했을 거라고 추측했다.

않아 이렇다 할 반론도 나오지 않았다.

## 여전히 미궁인 채로 남아있던 스피노사우루스

그 와중에 1944년 4월, 스피노사우루스 화석과 복원도가 보관돼 있던 뮌헨의 고생물학박물관이 제2차 세계대전 중 연합군의 공격으로 폭파되면서 스피노사우루스의 유일한 정보마저 사라진다. 이렇게 우리 기억에서 잊혀질 것 같던 스피노사우루스는 약 40년이 지난 후 새로운 화석의 발견과 함께 다시 빛을 보게 된다. 1986년에 발굴된 바리오닉스의 화석이 그 시작이다.

바리오닉스는 스피노사우루스처럼 원뿔형 이빨과 긴 주둥이를

[ 바리오닉스 ]　　　　　　　　[ 이리타토르 ]

출처 | 위키미디어

지녔다. 재미있는 건 이들의 위장에서 물고기 비늘이 발견됐다는 사
실이다. 이 때문에 바리오닉스는 물에서 생활한 공룡으로 분류됐다.
뒤이어 1996년 브라질에서 이리타토르, 1998년 아프리카에서 수코
미무스 등 스피노사우루스의 주둥이와 비슷하고 수중 생활을 했을 것
으로 추측되는 공룡들이 발견되면서 고생물학자들은 이와 닮은 스피
노사우루스도 수중 생활을 했을 것으로 추측했다. 육상에서만 살았
을 거라고 생각했던 거대한 수각류가 수중 생활을 했을 수도 있다는
사실은 당시 학계에 큰 충격을 안겼다. 결국 고생물학자들은 앞서 발
견된 공룡들과 스피노사우루스를 '스피노사우루스과'로 묶는다.

[ 수코미무스 ]

출처 | 위키미디어

이렇듯 스피노사우루스에 대한 몇 가지 특징을 유추할 수 있게 되면서 일부 고생물학자는 스피노사우루스가 돛으로 체온을 조절했을 거라는 의견을 제시했다. 물 밖으로 나와 체온이 낮아지면 넓은 돛으로 몸을 데우고, 체온이 오르면 넓은 돛으로 열을 발산했을 거라는 주장이었다. 잭 베일리Jack Bowman Bailey 교수는 이들의 돛은 체온 조절보다 혹에 가까워 지방 등 에너지원을 저장했을 것으로 추측했다. 그러나 스피노사우루스의 화석은 이때까지도 발견되지 않아 이들이 정말 물에서 생활했는지, 또 돛을 체온 조절에 이용했는지 등에 대한 의문은 좀처럼 풀리지 않았다.

## 서서히 밝혀진 스피노사우루스의 정체

그러던 2008년, 모로코의 사막 도시 에우퍼드에서 스피노사우루스의 정체를 밝힐 단서가 발견됐다. 한 화석 수집가가 고생물학자 나지르 이브라힘Nizar Ibrahim에게 몇 개의 뼈가 담긴 상자 하나를 갖다주는데, 정말 운 좋게도 그 화석 상자에 스피노사우루스의 신경배돌기로 보이는 화석이 들어 있었다. 이브라힘 박사는 화석 수집가의 안내를 받아 그 화석을 발견한 모로코와 알제리의 접경 지역인 '켐켐kem-kem'이란 화석층으로 갔다. 그곳은 스피노사우루스의 화석이 잔뜩 묻혀 있는, 말 그대로 '스피노 노다지'였다. 이브라힘 박사를 필두로 한 연구진은 이 화석층에서 스피노사우루스의 뒷다리와 턱뼈 그리고 여러

나지르 이브라힘
박사의 TED 영상

개의 신경배돌기를 발굴했다.

마침내 2014년 연구진은 발굴한 화석을 기반으로 스피노사우루스를 복원해《사이언스Science》지에 발표한다. 스피노사우루스가 발견된 지 거의 100년 만에 일궈낸 쾌거였다. 이들이 복원한 스피노사우루스는 의심할 여지 없이 반수생 공룡이었다. 연구진은 스피노사우루스가 악어나 하마처럼 육지보다 물에서 더 오랜 시간을 보냈을 거라고 주장했다. 그도 그럴 것이 이들의 머리는 악어처럼 뾰족해 물고기를 잡아먹기 좋고, 머리뼈 위에 달린 콧구멍은 물에서 숨쉬기 적합했다. 또 노처럼 넓적한 앞발은 헤엄치기 적절했으며 뼈의 밀도가 다른 공룡보다 높아 물속으로 가라앉아 먹이를 사냥하기에도 아주 좋았다. 이런 놀라운 발견과 연구 성과가 발표되자 고생물학자들은 스피노사우루스 돛의 기능을 좀 더 확장해서 생각했다. 체온 조절을 넘어 수중 사냥의 기능도 고려하기 시작한 것이다.

출처 | 위키미디어

스피노사우루스는 반수생 공룡이며, 물가에 사는 물고기 등을 주식으로 삼았다.

독일 로스토크대의 생물물리학자 얀 김사Jan Gimsa 박사는 스피노 사우루스의 돛이 돛새치처럼 빠르게 헤엄칠 때 사용될 뿐 아니라 꼬리를 휘둘러 물고기 떼를 기절시킬 때 균형을 잡아 주는 지지대 역할을 했을 거라고 주장했다. 또 일각에서는 돛으로 물에 그늘을 드리워 물고기를 모이게 한다는 주장도 제기됐다. 이외에 과시와 위협, 색 조절로 의사소통을 했을 거라는 주장 등 스피노사우루스의 돛을 두고 다양한 의견이 나왔다. 하지만 아직 명확한 정설은 없다. 많은 고생물학자들은 공룡의 깃털이 그랬듯 스피노사우루스의 돛도 처음에는 특정 역할 때문에 나타난 형질이지만 이후 자연스럽게 다양한 기능을 하게 됐을 거라고 말한다. 어쨌든 스피노사우루스에 대한 논의가 활발해진 배경엔 이브라힘 박사의 연구 결과가 있다는 사실은 분명하다.


## 스피노사우루스는 어떻게 걸었을까?

그리고 이브라힘 박사의 연구 결과가 발표된 2014년을 기점으로 스피노사우루스의 걸음걸이에 대한 논의도 활발해졌다. 사실 이전까지 스피노사우루스도 다른 수각류 공룡처럼 이족보행을 했을 거라는 주장이 정설로 받아들여졌다. 그러나 이브라힘 박사는 스피노사우루스의 긴 앞발과 짧은 뒷발로 미루어볼 때 무게 중심이 앞으로 쏠려 네 발로 걸었을 거라고 주장했다. 이로써 스피노사우루스는 수각류 최초의 사족보행 공룡으로 거듭났다.

하지만 이 의견에 대해 반박하는 주장이 여기저기서 터져 나왔다. 고생물학자 스콧 하트먼Scott Hartman과 마크 위튼Mark Witton 박사는 이들의 뒷다리가 예상한 것보다 더 길다고 주장하며 스피노사우루스의 사족보행설을 반박했다. 스피노사우루스의 앞발은 다른 수각류처럼 마주 보고 있는 형태라 걷는 데 사용하기엔 무리가 있다고 보는 견해도 있다. 또 유체역학적으로 이족보행을 했다는 견해도 있어 사족보행설은 논란이 되고 있는 상황이다. 이뿐 아니라 스피노사우루스의 걸음걸이가 이족보행에 더 가깝다는 주장도 나오고 있다. 그러나 한 가지 분명한 건 스피노사우루스는 물과 땅을 오가는 독특한 매력을 지닌 백악기 전기의 엄청난 포식자란 사실이다.

백악기 시절, 모로코에서 이집트까지 뻗어 있는 강은 헤엄에 능숙한 스피노사우루스의 놀이터였다. 덕분에 이들은 다른 육상 육식

완전히 복원된
스피노사우루스 화석.

공룡과의 먹이 경쟁도 피할 수 있었다. 또 때에 따라선 육지로 올라와 사냥하며 배를 든든하게 채웠을 것이다.

1억만 년 전 아프리카의 강가 풍경은 어땠을까? 진귀한 물고기들이 뛰놀고, 스피노사우루스가 거닐며 헤엄치던 그곳, 상상 속에선 경이롭지만 실제 맞닥뜨린다면 두려움 가득한 공간이지 않을까? 이렇듯 얼핏 사소해 보이는 과학적 발견은 100년 동안 베일에 싸여 있던 공룡의 정체를 밝혀주기도 하고, 1억만 년 전의 멋진 세계로 현실감 있는 시간 여행을 선물하기도 한다.

# 엉망진창이었던 공룡 복원도 변천사

스테고사우루스, 이구아노돈, 메갈로사우루스!
현재 이 공룡들의 모습은 우리에게 매우 익숙하지만
불과 200년 전까지만 해도 이들의 복원도는…

메갈로사우루스

스테고사우루스

이구아노돈

이런 모습이었다!

이구아노돈

메갈로사우루스

스테고사우루스

공룡 복원도가 지금의 모습을 갖추기까지
얼마나 많은 우여곡절을 겪었을까?

음~
이게 뭐지?

## 최초로 발견된 공룡과 그 이름의 탄생

때는 1676년, 영국의 박물학자 로버트 플럿Robert Plot은 한 채석장에서 거대한 뼈 하나를 발견한다. 최초의 공룡 화석이었다. 하지만 당시에는 '공룡Dinosaur'이란 단어조차 없던 시절이라 그는 코끼리나 거인의 허벅지 뼈라고 생각했다. 물론 나중에 이 뼈의 주인이 메갈로사우루스라는 사실이 밝혀졌지만 말이다.

이렇듯 공룡 화석은 17세기에 일찌감치 발견됐지만, 본격적으로 공룡 연구가 시작된 시기는 1800년대 들어서다. 그 중심엔 의사이자 아마추어 고생물학자인 기드온 맨텔Gideon Mantell이 있다. 그의 아내는 화석 수집에 관심이 많은 남편에게 동물의 이빨 화석을 선물했다. 맨텔은 이 이빨이 현생 이구아나의 이빨과 닮았다는 사실을 발견하고 녀석의 이름을 '이구아나의 이빨'이란 뜻의 '이구아노돈'으로 명명했다. 그리고 이구아나가 주로 채식을 하듯 이구아노돈 역시 거대한 채식성 파충류일 거라고 생각했다. 이를 바탕으로 그는 이구아노돈의 복원도를 도마뱀과 비슷한 모습으로 그렸다. 이후 자문을 구하기 위해 프랑스 동물학자 조르주 퀴비에Jean Léopold Nicolas Frédéric Cuvier 박사에게 서신을 보냈다. 퀴비에는 그가 그린 복원도를 보고 '코뿔소처럼 큰 동물'이라는 답장을 보냈다. 하지만 당시 영국인이었던 맨텔은 프랑스어를 잘못 번역해 '큰 코뿔소 같은 동물'이라는 뜻으로 받아들였다. (이는 가설 중 하나다.)

마침 그에게는 추가로 구입한 이구아노돈의 화석 중 정체를 알 수 없는 원뿔형 화석이 하나 있었다. 퀴비에의 의견을 코뿔소 같다고 잘못 해석한 맨텔은 이 화석을 이구아노돈의 코에 붙이고 만다. 훗날 이 화석은 이구아노돈의 엄지로 밝혀졌다.

당시 이렇게 엉터리로 복원된 공룡은 이구아노돈뿐만이 아니다. 메갈로사우루스는 악어와 늑대를 섞어놓은 모습으로, 힐라이오사우루스는 육지 이구아나처럼 복원됐다. 그도 그럴 것이 당시 저명한 고

[ 조르주 퀴비에 ]　　　　[ 기드온 맨텔 ]

파충류의 다리는 몸 옆에 달려 있다. 반면 공룡의 다리는 몸 아래로 곧게 뻗어 있다.

생물학자 리처드 오언Richard Owen마저 앞선 세 동물(이구아노돈, 메갈로 사우루스, 힐라이오사우루스) 모두 네 발로 걸었을 거라고 주장했기 때문이다. 그래서 이런 복원도에 큰 이견이 없었다. 오언은 이 파충류들의 다리가 지금과 달리 모두 아래로 곧게 뻗어 있다는 사실을 발견하고 새로운 이름이 필요하다고 생각했다. 그리고 마침내 1842년, 이 동물들에게 그리스어로 '무서운 도마뱀'이란 뜻의 '다이노소어'란 이름을 붙인다. 공룡이란 이름이 탄생하는 순간이었다.

## 멍청한 모습으로 묘사된 공룡들

이렇게 공룡학자 타이틀을 거머쥔 오언은 영국 왕실로부터 수정궁 정원The Crystal Palace에 공룡을 전시해달라는 부탁을 받는다. 이에 오언은 당시 유명한 조각가 벤저민 호킨스Benjamin Waterhouse Hawkins와 함께 시멘트로 실물 크기의 공룡 모형을 제작했다. 공룡 모형이 어찌나 컸

수정궁에 전시됐던 힐라이오사우루스의 모습(왼쪽)과 현재 힐라이오사우루스의 복원도(오른쪽). 과거 공룡들은 긴 꼬리를 땅에 질질 끄는 모습으로 묘사됐다.

던지 호킨스는 1853년 연말 고생물학자들을 초청해 자신이 만든 이구아노돈 모형 안에서 성대한 만찬을 즐기기도 했다. 이때 복원해 수정궁에 전시된 공룡들은 지금까지 남아 있는데, 모두 코뿔소나 코끼리처럼 네 발로 걷고 긴 꼬리를 땅에 질질 끄는 모습이다.

그러던 1858년 미국 뉴저지주에서 그간의 공룡 복원도를 깡그리 뒤엎는 화석 하나가 발견된다. 바로 '하드로사우루스'다. 당시 화석지에서 하드로사우루스의 앞다리와 뒷다리 뼈가 발견됐는데, 놀랍게도 앞발보다 뒷다리 뼈가 훨씬 길었다. 이는 하드로사우루스가 뒷발로 이족보행이 가능했다는 증거였다. 사족보행설로 명성 높았던 오언을 나락으로 떨어뜨린 발견이었다.

게다가 1878년 영국의 한 시골에서 짧은 팔과 긴 뒷다리를 지닌 이구아노돈의 화석이 무더기(38마리)로 발견됐다. 이를 기점으로 기존 공룡의 복원도 역시 모두 두 발로 걷는 모습으로 탈바꿈한다. 그 영향이 어찌나 컸던지 스테고사우루스조차 1884년에 복원된 그림에선

19세기 하드로사우루스의 복원 모형. 이족보행을 하는 모습으로 복원된 건 현재와 비슷하지만, 차이점이 있다면 지금과 달리 꼬리를 땅에 질질 끄는 형태다.

두 발로 걷는 모습이다. 하지만 많은 고생물학자가 공룡 복원에 있어 포기하지 못한 게 하나 있었으니… 그건 바로 '꼬리'였다. 파충류는 꼬리를 땅에 끌고 다닌다는 고정관념이 발목을 잡은 것이다.

그래서일까. 1800년대 중후반에 복원된 메갈로사우루스나 이구아노돈을 보면 마치 캥거루처럼 꼬리를 땅에 착~ 붙이고 있다. 이런 고정관념이 얼마나 심했는지 보여주는 사례가 있다. 1892년 고생물학자 루이 돌로Louis Dollo는 이구아노돈의 전신 골격 화석을 복원하던 중 꼬리뼈가 구부러지지 않는다는 사실을 알면서도 꼬리를 끌고 다니는 자세로 복원하기 위해 꼬리뼈를 억지로 꺾거나 부러뜨렸다.

이뿐만이 아니다. 1900년대 들어서 트리케라톱스, 브라키오사우루스 같은 네 발 공룡이 발견됐음에도 여전히 꼬리를 땅에 끄는 모습으로 그렸다. 이와 더불어 20세기 초 대다수의 고생물학자는 이토록

19세기 후반에 그려진 뿔공룡의 복원도. 당시만 해도 공룡은 땅에 꼬리를 질질 끌고 다니며 느리고 아둔한 동물로 묘사됐다.

다양했던 공룡이 멸종한 건 그들이 멍청하고 둔했기 때문이라고 여겼다. 그래서 당시 공룡들은 주로 습지 안에서 느리고 둔하게 어슬렁거리는 모습으로 묘사되곤 했다.

## 공룡 복원도의 대전환! 공룡 르네상스

1970년대 이후부터 공룡을 보는 기존의 관점이 완전히 뒤바뀐다. 그리고 이른바 공룡 연구의 황금기로 불리는 '공룡 르네상스' 시대가 펼쳐진다. 그 포문을 연 주인공은 바로 '데이노니쿠스'다. 미국의 고생물학자 존 오스트롬John Ostrom 교수는 가볍고 날렵한 몸을 지닌 데이노니쿠스를 날쌘 사냥꾼이라 생각했다. 특히 여러 마리의 데이노니쿠스가 테논토사우루스와 함께 발견된 것을 근거로 이들은 집단 사냥을 한 영리한 공룡이라고 주장했다. 이어 그는 데이노니쿠스의 골격이 시조 새와 비슷하다는 점을 토대로 지금의 새가 공룡에서 진화했다는 파격적인 주장까지 들고나왔다. 게다가 공룡 발자국 화석지에서 공룡의 꼬리가 땅에 끌린 흔적이 전혀 발견되지 않자 공룡은 꼬리를 들고 다녔을 거라는 의견이 학계에 자리 잡는다. 재밌게도 우리나라의 공룡 발자국 화석지에서 공룡의 꼬리 흔적이 전혀 보이지 않는다는 것이 이 주장의 강력한 증거로 작용하기도 했다.

　이런 사실은 복원도에 고스란히 반영됐다. 이때부터 공룡은 꼬리를 들고 다니는 역동적인 동물로 묘사되기 시작했다. 또 1996년 깃털 공룡 시노사우롭테릭스의 발견을 시작으로 프로트아르케옵테릭스,

◀ 데이노니쿠스의 골격 복원도. 존 오스트롬 교수는 이들의 모습이 마치 시조새를 확대해놓은 모습과 비슷하다며 새가 공룡에서 진화했다고 주장했다.

▶ 공룡의 발자국 화석지에서 공룡의 꼬리가 끌린 흔적이 전혀 발견되지 않았다는 사실은 이들이 꼬리를 들고 다녔다는 증거이다.

출처 | 위키미디어

**시노사우롭테릭스의 화석. 목부터 꼬리까지 이어진 깃털이 선명하게 보인다.**

에피덱시프테릭스, 시노르니토사우루스 등 수십 개의 깃털 공룡 화석
이 쏟아져 나오면서 앞서 오스트롬 교수가 주장한 공룡이 새로 진화했
다는 가설도 정설로 자리매김했다. 이어 공룡의 피부 연조직과 피부
색소의 발견으로 인해 공룡 복원도에 큰 변화의 바람이 불었다. 이제
더 이상 아둔하고 꼬리를 땅에 질질 끌고 다니는 모습의 공룡은 우리
머릿속에 남아 있지 않다.

　그런데 지금 우리에게 익숙한 공룡의 모습도 편견일 수 있다. 영
국의 고생물학자 대런 네이시Darren Naish와 2명의 팔레오아티스트가
쓴《All Yesterday》란 책에는 현재 공룡 복원도의 편견을 깨는 그림
들이 담겨 있다. 테리지노사우루스는 기존의 발톱을 강조하는 대신
풍성한 깃털로 뒤덮여 있으며, 트리케라톱스는 가시털을 지닌 모습이
다. 스테고사우루스는 골판 때문에 수컷이 암컷 등에 올라탈 수 없게
되자 독보적인 큰 음경을 지닌 모습으로, 호주에 살았던 라엘리나사

우라는 추운 기후에 적응하기 위해 귀엽고 풍성한 털을 지닌 모습으로 묘사됐다. 저자들은 현재의 복원도도 반드시 진실은 아니며, 새로운 과학적 발견으로 언제든 바뀔 수 있다는 것을 알리기 위해 이 책을 썼다고 말했다. 먼 훗날 우리의 후손은 지금의 공룡 복원도를 어떻게 평가할까?

# 대멸종 후 등장한 생물은
# 왜 이렇게 이상하게 생겼을까?

독특하게 생긴 이 생물들의 공통점은 뭘까?

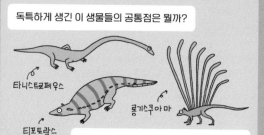

타니스트로페우스

티포토락스

롱기스쿠아마

모두 페름기 대멸종 이후 중생대 트라이아스기에 출현했다는 사실이다.

한 고생물학자는 타니스트로페우스의 긴 목뼈를 익룡의 날개로 착각할 정도로 당시 트라이아스기의 생물들은 상상도 못할 만큼 독특한 생김새를 자랑했다.

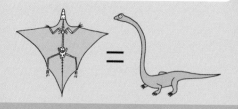

도대체 대멸종 직후인 트라이아스기에는 왜 이토록 독특하게 생긴 생물들이 많이 살았을까?

우리 생긴 게 뭐 어때서!

## 독특한 생김새의 원인은 적응방산

고대 동물들이니 우리 시각에선 '그냥 생김새가 독특하겠지'라고 생각할 수 있다. 하지만 대멸종 이전 페름기에 살았던 초기 파충류(특히 힐로노무스)는 현재의 도마뱀과 모습이 크게 다르지 않다. 그러니까 대멸종 이후 어떤 특별한 사건이 독특하고 다양한 생물의 등장에 영향을 미쳤다는 건데… 도대체 무슨 일이 있어났던 걸까?

그 사건은 바로 '적응방산', 생물이 환경에 적응해나가는 과정에

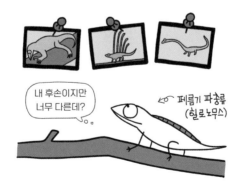

서 식성이나 생활방식에 따라 형태적, 기능적으로 다양하게 분화하는 것이다. 대멸종으로 생태계의 70~80% 생물군이 사라지면 생태계에는 빈 공간, 일명 '생태적 틈새'가 발생한다. 다시 말해 생태계가 허허벌판이 되는 셈이다. 대멸종에서 살아남은 극소수의 생물 중 일부는 경쟁자가 모두 사라진 덕분에 다양한 생물종으로 빠르게 분화하며 생태계의 빈 공간을 채워나간다. 특히 진화의 핵심 요소 중 하나인 돌연변이는 생존에 불리한 경우가 많은데, 생태적 틈새가 커진 경우 경쟁자가 없어 돌연변이 개체의 생존율이 높다. 즉 환경에 대충 적합하다 싶으면 생존해서 개체수를 불릴 수 있다. 마치 비행기가 전혀 없던 시절, 처음으로 발명된 비행기들의 디자인이나 생김새가 각양각색인 것과 비슷하다. 하지만 시간이 지나면 다양한 비행기 중 기능이 떨어지거나 그 시대의 표준에 어긋나는 것들은 자연스레 사라지고 적합한 비행기만 남는다. 이후 또 시간이 지나면서 변화를 거듭하는데, 이는 자

비행기가 처음 등장했을 때는 디자인과 생김새가 각양각색이었지만, 시간이 지남에 따라 이들 중 일부의 디자인만 채택되었다.

파충류이면서 부리를 지녔고, 꼬리에 전갈의 독침과 비슷한 구조물을 가진 드레파노사우루스는 적응방산을 설명하는 아주 좋은 예다.

연계에서 벌어지는 적응방산과 자연선택을 떠올리게 한다.

캄브리아기에 기이한 생물이 등장하며 급속도로 생물종이 늘어난 것도 텅 빈 생태적 틈새를 채우기 위한 적응방산이었다. 트라이아스기의 생물도 이 같은 현상을 겪었다. 페름기 대멸종 이후 텅 빈 숲에서는 파충류의 조상 중 일부가 드레파노사우루스처럼 나무 타기에 적합한 발, 벌레잡이에 최적화된 부리, 그리고 유연한 목을 갖춘 종으로 분화했다. 독특하게도 이들은 전갈처럼 꼬리 끝에 독침 같은 구조물도 지니고 있었다. 2016년 드레파노사우루스를 연구한 예일대의 아담 프릿차드Adam Pritchard 박사는 이전 파충류의 조상과 판이하게 다른 이들을 보고 적응방산을 설명하는 아주 좋은 예라고 언급했다.

## 생태적 틈새를 노린 새로운 강자들

트라이아스기 파충류의 적응방산은 숲뿐 아니라 여러 곳에서 여러 형태로 일어났다. 과시와 포식자를 위협하는 용도로 등에 독특한 구조물을 갖춘 롱기스쿠아마 같은 파충류를 비롯해 강가에서는 긴 목을 뻗어 물고기를 잡아먹을 수 있는 타니스트로페우스 같은 파충류가 등장했다. 물에서는 레돈다사우루스나 스밀로수쿠스 같은 피토사우루스과의 대형 육식성 파충류가 나타났다. 길이 120cm가 넘는 이들의 길고 강력한 주둥이는 짧은 시간 동안 진화했으며, 이런 적응방산을 통해 이들은 강 생태계의 새로운 강자로 자리매김했다. 물론 이들이 악어의 조상은 아니다. 이 당시 진짜 악어의 조상은 이들보다 덩치가 훨씬 작았으며 이들이 멸종하기 전까지 육상 생활을 했다.

또 다른 숲에서는 티포토락스나 데스마토수쿠스처럼 등에 갑옷을 장착한 아이토사우루스목의 초식성 파충류가 적응방산하며 텅 빈 생태 공간을 채워나갔다. 이렇듯 대멸종 직후 생태계는 급격한 진화가 일어나는 거대한 실험실 같았다. 그리고 이런 적응방산 실험(?)은 현재 우리 주변에서도 쉽게 찾아볼 수 있다. '하와이안 꿀먹이새'가 대표적인 예다.

하와이 제도는 새로운 섬이 계속 생겨나는 곳이라 생태적 틈새가 많은 지역이다. 약 1,500만 년 전 하와이 섬에 정착한 하와이안 꿀먹이새의 조상은 처음엔 단일종이었다. 경쟁이 없는 이곳에서 생태적 틈새를 채우며 일부는 꿀을 빠는 데 적합한 부리를 지닌 종으로, 또 일부는 곤충을 먹는 종으로, 또 일부는 씨앗을 먹는 종으로 다양한 분화를 거듭했다. 이렇게 생태적 틈새가 꽉 차면 진화의 속도는 매우 느려진다. 예를 들어 꿀을 빠는 종은 현재의 지위(생태계 내 역할)에서 다

　　　　　　　　　　　　CHAPTER 2 | 공룡은 왜 이래?

[ 하와이안 꿀먹이새의 적응방산 ]

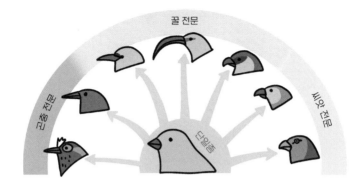

른 지위로 종분화가 어려워진다. 하지만 다른 생태적 지위의 새가 멸종하면 생태적 틈새가 열리고, 이 틈을 다시 새로운 종들이 메운다.

재미있는 건 대멸종 이후 독특하고 새로운 종들이 나타나는 현상은 일종의 법칙처럼 반복된다는 사실이다. 약 2억 100만 년 전 트라이아스기 말, 화산 활동으로 급격하게 이산화탄소의 농도가 증가하고 해양이 산성화되면서 약 80%의 생물종이 역사의 뒤안길로 사라졌다. 이때 활짝 열린 생태적 틈새를 채워가며 그 뒤에 이어진 쥐라기와 백악기에 걸쳐 적응방산한 동물이 있었으니… 그건 바로 '공룡'이다.

초식성 파충류인 아이토사우루스목이 사라진 자리에 스테고사우루스 같은 초식 공룡이 적응방산했다. 피토사우루스가 사라진 강가엔 스피노사우루스가 번성하는 등 각양각색의 공룡이 등장해 지구를 지배하기 시작했다. 그러나 잘 알다시피 백악기 말 거대한 소행성의 충돌로 공룡시대는 막을 내리고, 지구엔 이전과 전혀 다른 생물들

이 번성한다. 그 주인공은 바로 포유류다. 포유류의 조상은 이미 2억 4,000만 년 전에 등장했지만, 중생대에는 공룡의 틈바구니에서 쭈구리처럼 지냈다. 하지만 백악기 말 공룡이 멸종하자 주인이 사라진 땅의 모든 생태적 지위를 메우기 위해 포유류는 일제히 적응방산을 시작했다. 그 결과 지금처럼 엄청나게 다양한 종으로 분화했다.

지구 역사에 나타난 대멸종 시기마다 수많은 생물이 사라졌고, 뒤이어 다시 수많은 생물이 나타났다. 그리고 대멸종 직후 나타난 생물들은 이상하게 생겼다고 할 만큼 기존과 판이하게 달랐다. 사실 이런 패턴은 지구에 생명이 존재하는 한 앞으로도 계속 일어날 자연의 법칙이다. 세월이 흘러 인류를 비롯해 지금의 수많은 생물이 대멸종으로 자취를 감춘다면 지구에는 또 어떤 기이하고 새로운 생물들이 등장할까?

# 왜 삼엽충은 모두 사라졌을까?

옛날 옛날 아주 먼~ 옛날, 고생대 캄브리아기
지구 바다에는 이렇게 생긴 동물이 살았다.

훗날 삼엽충이라 불리는 이들은 당시
2만여 종이나 있었으며 무려 3억 년 동안 번성했다.

그런데 2억 5,100만 년 전 지구에서 홀연히
자취를 감춘다. 이들에게 무슨 일이 있었던 걸까?

## 3억 년을 누빈 캄브리아기의 대세 동물

삼엽충은 몸이 세로로 가운데 중엽과 양옆의 측엽까지 총 3개로 나뉜다고 하여 '삼(3)'엽충이라 불린다. 많은 사람들이 하나의 종으로 알고 있지만, 사실 삼엽충은 생물분류 기준에서 '강'에 속한다. 삼엽충강에는 2만여 종 이상이 있으며 종마다 생김새가 무척 다양하다. 크기는 수 cm인 녀석들이 대부분이지만, 간혹 50cm가 넘는 녀석들이 발견되기도 한다. 탄산칼슘으로 이뤄진 단단한 외골격은 보호용으로 제

광물로 구성된 삼엽충의 겹눈

격이며, 기초적인 소화관과 발달한 눈도 지녔다. 다시 말해 생각만큼 단순한 동물은 아니다.

특히 지구상 거의 최초로 등장한 이들의 겹눈은 먹이를 찾거나 포식자를 피하는 데 적합했다. 사실 대부분의 동물 눈은 말랑말랑해서 화석화가 안 되는데, 삼엽충의 눈은 방해석이란 광물로 이뤄져 있어 또렷한 겹눈 구조가 화석으로 남았다.

수억 년 전, 삼엽충의 눈에 비친 세계는 어땠을까? 복굴절(광학적으로 등방성이 아닌 결정에 빛이 들어갈 때 두 개의 굴절 광선이 나타나는 현상)을 지닌 방해석의 특성을 고려하면 삼엽충의 시야는 중첩되고 흐릿했을 것 같지만 그렇지 않다. 현재 많은 고생물학자는 삼엽충의 홑눈이 복굴절 현상을 상쇄시킬 수준으로 정교하게 배열돼 있어 생각보다 선명하게 세상을 봤을 거라고 추측하고 있다. 이렇듯 꽤 정교한 시각을 갖춘 삼엽충은 아주 얇은 해안가부터 대륙붕까지 다양한 깊이에 서식하며 지금의 우리나라를 비롯해 중국, 시베리아, 유럽, 아메리카, 오스트레일리아, 남극 대륙까지 지구 전역에 걸쳐 번성했다. 무려 3억 년 동안 말이다. 그러나 2억 5,100만 년 전, 3억 년의 세월을 버텼던 삼엽충은 지구에서 완전히 자취를 감췄다. 이토록 번성했던 생물이 왜 사라졌을까?

## 삼엽충을 덮친 세 번의 대멸종

사실 삼엽충처럼 엄청나게 번성한 생물이 멸절하려면 단 한 방으로는 역부족이다. 여러 번의 카운터펀치가 필요하다. 삼엽충에게 닥친 첫 번째 시련은 4억 4,000만 년 전 오르도비스기 말에 찾아왔다. 당시 지구는 빙하기에 접어들고 있었다. 수온이 영하로 곤두박질치자 따뜻한 바닷물에 사는 삼엽충이 타격을 입었다. 바닷물이 얼어 해수면이 낮아지면서 얕은 바다에 사는 삼엽충은 갈 곳을 잃고 죽음으로 내몰

렸다. 당시 대빙하기는 삼엽충뿐 아니라 해양 생물종의 80% 이상을 멸종시킬 정도로 강력했다. 그래서 이 시기를 '오르도비스기 대멸종(오르도비스기-실루리아기 대량 멸절)'이라 부른다.

생태학자 사무엘 곤Samuel Gon 박사는 당시 42개 과에 달했던 삼엽충이 이 대멸종으로 인해 절반 가까이 줄었다고 밝혔다. 다른 한편에선 4억 4,000만 년 전 턱이 달린 물고기의 등장이 삼엽충의 개체수 감소의 원인 중 하나라는 가설도 등장했다. 당시 포식자에게 대항하기 위해 날카로운 가시로 무장한 삼엽충이 대거 나타나는 경향이 그 증거로 제시됐지만, 포식자의 등장을 삼엽충의 대규모 감소와 연관 짓기엔 부족함이 있다.

다시 본론으로 돌아가, 오르도비스기 대멸종 사건 이후에도 삼엽충은 건재했다. 런던 자연사박물관의 고생물학자 리처드 포티Richard Fortey는 《삼엽충》이란 책에서 대빙하기 이후 차가운 물에 사는 달마나이트속에서 삼엽충이 등장하는가 하면 눈이 발달한 파코피드목의 삼엽충, 머리에 혹이 달린 삼엽충, 공벌레처럼 몸을 둥글게 마는 삼엽충까지 나타나는 등 점차 다양성이 회복됐다고 말했다. 이런 다양성은 실루리아기를 지나 데본기까지 무사히 이어지는 듯했는데….

그러던 데본기 말 삼엽충에게 또 한 번의 시련이 닥쳤다. 데본기 후기 대멸종인 '프라슨-파멘(프라슨절에서 파멘절로 넘어가는 시기) 사건'이다. 3억 7,000만 년 전에 발생한 이 대멸종은 육지보다 해양에 큰 타격을 줬다. 지질학자 토마스 아르지오Thomas J. Algeo 박사는 데본기 말기의 해양 지층을 분석했는데 운석 충돌, 화산 폭발 등 어떤 이유인지

[ 데본기 후기, 산소가 부족했던 바다 ]

산호 양반!
요즘 살만 하슈?

이렇게 살 바엔
그냥 멸종될래!

는 모르겠지만 한 가지 확실한 건 당시 해양에 산소량이 급격히 줄어든 것이 원인이라고 밝혔다. 즉 산소 부족으로 삼엽충을 비롯해 산호초 등 당시 해양생물의 대부분이 멸종했다는 설명이다.

당시 산소 부족난이 어찌나 극심했는지 10종류 이상이던 삼엽충 과가 데본기를 지나면서 고작 4~5개만 남는다. 캄브리아기 후기만 해도 60개 이상의 과를 자랑하던 삼엽충이었건만 데본기 말 화려한 시절은 온데간데없이 사라지고 눈에 띄게 쇠락의 길로 접어든 것이다. 하지만 '부자는 망해도 3년은 먹을 게 있다'는 옛말은 틀리지 않았다. 워낙 번성했던 삼엽충이기에 데본기에 살아남은 프로이투스목의 삼엽충은 석탄기를 거쳐 고생대 말기인 페름기까지 명줄을 이어나간다. 이들은 캄브리아기 말에 나타나 산전수전 다 겪으며 페름기까지 살아남은 진정한 승리자였다.

그러나 2억 5,100만 년 전 지구상 최악의 대멸종이 마지막 남은 삼엽충에게 카운터펀치를 날린다. 대멸종의 어머니이자 지구판 포맷이라 불리는 '페름기 대멸종'이다. 해양생물종의 95%, 육상 척추동물의 70%가 전멸한 이 대멸종 앞에 명줄 질긴 삼엽충도 무참히 무너졌다. 현재 페름기 대멸종의 가장 유력한 원인으로는 시베리아 지역에서 발생한 대규모 화산 폭발이 꼽힌다. 그 위력이 어느 정도였냐 하면 2013년 이 화산 폭발을 연구한 알렉세이 이바노프<sub>Alexei V. Ivanov</sub> 박사는 당시 화산 분출량이 400km³에 달했으며 이는 미국 전역을 약 400m 두께로 덮고도 남는 양이라고 말했다. 그렇다면 이 대폭발은 삼엽충을 어떻게 멸종으로 몰아넣었을까?

2018년 《사이언스》지에 페름기 대멸종의 구체적인 과정을 담은 논문이 실렸다. 연구진의 주장은 이랬다. 페름기 말 현재 시베리아 지역에 전례 없는 대규모 화산 폭발이 일어났는데, 화산 분출물이 석탄기 동안 쌓인 석탄층을 뚫고 올라오면서 석탄을 연소시키자 엄청난 양의 이산화탄소와 메테인이 대기로 방출되기 시작했다. 이 온실가스는 극심한 지구온난화를 불러왔고, 이는 곧 수온 상승으로 이어졌다. 당시 초대륙을 이루고 있던 판게아 지표 근처의 수온은 무려 10℃ 가까이 상승했다.

문제는 바로 여기서부터다. 바닷물이 뜨거워지자 삼엽충을 비롯한 해양생물의 신진대사가 빨라졌다. 그러나 반대로 수온이 올라가면서 바닷물에 녹아 있는 용존산소량이 줄어들어 신진대사량이 늘어난 해양생물은 결국 산소 부족으로 질식사하게 된 것이다. 연구진은 산성비와 바다의 산성화 등 뒤이어 나타난 다른 요인들도 생물 멸종을 가속화했다고 덧붙였다. 이로써 당시 삼엽충에게 주어진 선택지는

멸종 외엔 그 어떤 것도 없었을 것이다.

이렇게 3억 년간 지구의 바다를 누비던 삼엽충은 1번도 힘들다는 대멸종을 3번이나 겪고 나서야 비로소 역사의 뒤안길로 사라졌다. 지금은 단단한 돌이 되어 지구 대멸종의 역사를 고스란히 담은 채 우리 앞에 그 모습을 드러낼 뿐이다.

# 배딱지 vs 등딱지, 무엇이 먼저 진화했을까?

거북의 트레이드마크는 뭐니 뭐니 해도 껍데기다.

이들의 껍데기는 단순히 보호용 외피가 아니라 뼈가 변형돼 만들어졌다.

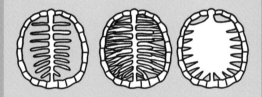

그런데 거북에게는 등딱지만 있는 게 아니라 배딱지도 있다. 그렇다면 둘 중 어떤 게 진화 과정에서 먼저 등장했을까?

## 100년 넘게 지속된 거북 껍데기에 대한 논쟁

거북의 껍데기는 뼈가 변형돼 만들어진 뼈 갑옷이다. 가운데 척추를 중심으로 양쪽으로 뻗은 갈비뼈가 점차 확장되고 피부밑의 조직과 결합해 통처럼 변하면서 껍데기가 만들어진다. 그래서 거북의 등딱지에는 척추뼈가 있다. 그리고 거북의 껍데기는 등(배갑)에만 있지 않다. 일명 '배딱지'라고 불리는 복갑은 가슴 쪽 갈비뼈인 복늑골이 점차 융합되면서 만들어진다. 이 배딱지와 등딱지가 융합하면 마침내 진정한 갑옷으로 거듭난다. 그래서 거북이가 껍질만 둔 채 몸만 빠져나온다는 얘기는 말도 안 된다. 사람이 척추와 갈비뼈를 두고 몸만 빠져나올 수 없는 것과 같은 이치다.

그런데 등딱지와 배딱지가 따로 형성된다면 진화상 등장한 순서가 있지 않을까? 의문은 또 있다. 거북의 껍데기는 단순히 보호용이라고 하기엔 이상하리만큼 크다. 또 단순히 보호용이라면 악어나 아르마딜로처럼 피부를 변형하는 방향이 더 효율적일 수 있다. 도대체 거북의 껍데기는 왜 이렇게 진화하게 된 걸까?

CHAPTER 2 | 공룡은 왜 이래?

사실 거북 껍데기의 진화를 둘러싼 논쟁은 100년도 더 됐다. 때는 1887년, 독일의 고생물학자 게오르크 바우어Georg Baur 박사는 2억 1,000만 년 전에 살았던 가장 오래된 거북 조상의 화석 '프로가노켈리스'를 발견했다. 하지만 프로가노켈리스는 등과 배 전체에 완전한 껍데기를 지니고 있어 등딱지와 배딱지 중 어떤 게 먼저 진화했는지에 대한 실마리를 전혀 제공하지 못했다.

　　그러다 1900년대 초, 몇몇 생물학자는 꽤 색다른 곳에서 아이디어를 떠올렸다. 바로 '새끼 거북의 발생' 과정이었다. 알에서 새끼 거북이 자랄 때 배딱지가 등딱지보다 먼저 형성된다. 이 발생 과정을 껍데기의 진화 순서와 연관 지은 것이다. 하지만 배딱지가 먼저 나타났다는 생물학자들의 주장은 100년 가까이 화석 증거가 나오지 않았던 탓에 큰 힘을 얻지 못했다. 이후 등과 배의 갈비뼈가 아닌 피부에서 발달한 피골이 먼저 확장된 후 척추, 갈비뼈와 융합해 껍데기가 됐다는

출처 | 위키미디어

19세기 후반에 발견된 프로가노켈리스 화석. 원시 거북이지만 현재 거북처럼 등딱지와 배딱지가 완전히 결합돼 있어 둘 중 어떤 게 먼저 진화했는지에 대한 실마리를 제공하지 못했다.

'복합 모델'까지 등장했다. 이처럼 가설만 늘어날 뿐 껍데기의 진화 과정은 이렇다 할 답이 나오지 않은 채 오랜 시간 수수께끼로 남았다.

## 서서히 밝혀지는 거북 껍데기의 진화 과정

그러던 2008년, 중국 남부의 구이저우성에서 거북 껍데기의 100년 논쟁에 종지부를 찍을 만한 화석 하나가 발견된다. 바로 '오돈토켈리스 세미테스타케아'다. 이들은 앞서 나온 프로가노켈리스보다 1,000만 년 더 앞선 시대에 살았던 거북 조상으로, 등 쪽의 갈비뼈는 완전히 융합되지 않은 반면 배 쪽의 복늑골은 대부분 융합돼 선명한 배딱지를 지니고 있었다. 이는 거북의 껍데기가 '등'이 아니라 '배'부터 먼저 진화했다는 결정적인 증거였다. 그리고 오돈토켈리스 화석이 코노돈트와 암모나이트 같은 수생생물과 함께 발견되면서 이들이 주로 물에서 생활했다는 사실이 밝혀졌다. 이는 거북이 육지에서 기원했다는 기존 주장을 뒤엎고, 거북의 '수생 기원설'을 뒷받침하는 증거로 작용했다.

물론 반론도 있다. 고생물학자 로버트 레이즈Robert Reisz는 등딱지가 점차 퇴화하는 장수거북을 예로 들면서 오돈토켈리스는 등딱지와 배딱지가 함께 나타났는데 등딱지만 퇴화한 종이라며 반론을 제기했다. 그럼에도 거북의 배아 발생 과정 등으로 미루어볼 때 현재까지는 배딱지가 먼저 진화했을 거라는 주장이 우세하다. 하지만 오돈토켈

◀ 오돈토켈리스 화석. 배딱지가 선명하게 보인다.

▶ 오돈토켈리스 상상도. 이들 화석이 수생생물과 함께 발견되면서 거북이 육지가 아닌 물에서
기원했다는 '수생 기원설'이 주목을 받았다.

리스 화석은 거북 껍데기의 진화 순서만 설명할 뿐 여전히 껍데기가
왜 진화했는지에 대한 궁금증은 풀어주지 못했다.

이 화석을 발견한 춘 리Chun Li 박사는 오돈토켈리스의 배딱지는
수면 위에서 헤엄칠 때 물속의 포식자로부터 배를 방어하는 용도라
고 주장했다. 다만 등 쪽의 갈비뼈까지 넓어진 이유에 대해서는 제대
로 설명하지 못했다. 또 고래, 뱀, 공룡, 인간 등 다수 동물들의 갈비뼈
는 비슷한데, 유독 거북만 보호를 위해 갈비뼈가 고도로 변형된 거라
고 설명하기엔 어딘가 부족해 보였다. 특히 거북의 뼈 껍데기는 호흡
할 때 여간 불편한 게 아니다. 폐호흡을 하는 대부분의 동물은 횡격막
과 유연하게 확장되는 갈비뼈로 효율적인 호흡을 하는 반면 거북은
갈비뼈를 전혀 움직일 수 없기 때문에 폐에 붙어 있는 복근으로 폐를
수축하고 확장해야 한다. 게다가 어깨뼈(견갑골)가 완전히 흉곽 안으
로 들어가 있어 다른 파충류보다 보폭이 좁고 이동 속도가 느리다. 이

런 값비싼 대가를 치르면서까지 거북이 껍데기를 지니게 된 까닭은 뭘까? 보호 외에 다른 이유가 있었던 건 아닐까?

## 에우노토사우루스로 인해 밝혀진 거북 껍데기의 비밀

2016년 남아프리카공화국에서 거북 껍데기의 진화에 대한 관점을 바꾸는 화석 하나가 발견됐다. 2억 6,000만 년 전 원시 거북인 '에우노토사우루스 아프리카누스'다. 이 화석을 연구한 고생물학자 타일러 라이슨Tyler Lyson은 놀라운 주장을 한다. 맨 처음 거북의 껍데기는 보호용이 아닌 땅을 파기 위한 용도로 진화했다는 것이다.

　그는 에우노토사우루스의 두껍고 넓은 갈비뼈와 강력한 앞발에 주목했다. 앞발은 땅굴을 파는 데 적합하고, 앞발과 맞닿은 갈비뼈는

출처 | 위키미디어

가장 오래된 거북 조상 중 하나인 에우노토사우루스는 두껍고 넓은 갈비뼈를 지녔다. 이는 땅굴을 팔 때 앞발을 지지하기 위한 용도다.

힘차게 땅을 파는 앞발을 지지하기 위해 두껍고 넓어지는 쪽으로 진화했다고 설명했다. 당시 남아프리카는 점점 건조해지고 있던 터라 원시 거북은 이를 피해 땅을 파고들었고 그 과정에서 갈비뼈가 넓어졌다는 주장이다. 또 라이슨 박사는 거북 조상이 땅속 생활을 한 덕분에 2억 5,000만 년 전 벌어진 페름기 대멸종에서 무사히 살아남았다고 언급했다.

하지만 거북은 땅을 파기 위해 넓어진 갈비뼈 때문에 보폭이 좁아지면서 이동 속도가 느려져 포식자로부터 몸을 보호하기 어려워졌다. 그래서 넓어진 갈비뼈가 서로 융합돼 보호용 껍데기를 만드는 방향으로 선택압을 받았다고 추측했다. 즉 처음 등장한 껍데기의 목적은 땅파기용이고, 그 이후 보호 기능을 더했다는 얘기다. 이는 마치 공룡의 깃털이 처음엔 체온 조절이나 구애용이었지만 이후 진화하면서 비행용으로 바뀐 것과 같은 맥락이다.

사실 현대 거북의 등 껍데기도 보호용 외에 쓰임새가 꽤 다양하다. 대표적으로 장수거북의 껍데기는 매끈하고 평평해 물의 저항을 줄여준다. 갈라파고스 육지 거북의 안장형 껍데기는 목을 길게 뺄 수 있는 형태라서 거꾸로 뒤집어져도 다시 똑바로 일어설 수 있다. 뿐만 아니라 일부 거북은 등 껍데기를 호흡에 이용하기도 한다. 비단거북류가 그 주인공이다. 2002년 생리학자 도널드 잭슨Donald C. Jackson은 비단거북이 얼음물 속에서 동면에 들면 산소 없이 포도당을 분해해 에너지를 만든다는 사실을 발견했다. 하지만 이 에너지 대사에 치명적인 문제가 있었다. 산소 없이 포도당을 분해하면 독성을 지닌 '젖산'

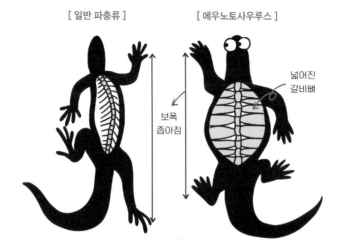

거북 조상은 넓어진 갈비뼈 탓에 보폭이 좁아져 걸음이 느려졌다.

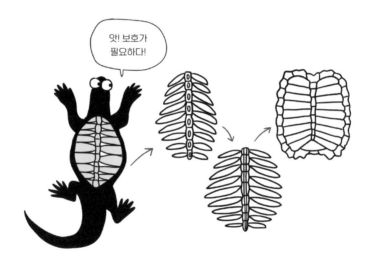

느린 걸음 때문에 거북 조상은 포식자에게 쉽게 노출될 위험이 있었다. 이로 인해 거북 조상 중
일부는 넓어진 갈비뼈가 점차 단단한 껍데기로 진화했다.

이 만들어지는데, 이 젖산이 체내에 계속 쌓이면 거북에게 치명타를 준다는 것이다. 그런데 놀랍게도 거북은 멀쩡했다. 그 이유는 바로 비단거북의 등 껍데기에서 나온 중탄산염 덕분이다. 이 중탄산염이 젖산을 중화해 완충제 역할을 했던 것이다.

이렇게 거북 껍데기의 진화사를 되짚어 보니 무심코 지나친 이들의 껍데기가 조금은 색다르게 다가온다. 앞으로 수천만 년 후 거북의 껍데기는 어떻게 변할까? 그리고 또 어떤 새로운 기능을 갖게 될까?

# 최초의 생명은
# 어디에서 왔을까?

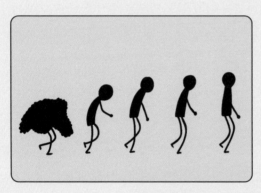

나의 아버지의 아버지.
더 나아가 조상의 조상까지!
계속 거슬러 올라가면
최초의 조상은 누구일까?

루카 LUCA, Last Universal Common Ancestor

내가
1등!

LUCA

그리고 이 질문에
현대 과학인 진화론은
멋진 답을 내놓는다.
바로 생명체 최초의 조상인
'루카'가 있다고!

부모님이
누구니?

LUcA

그런데 이 답은
또 다른 궁금증을 낳는다.
그렇다면 최초의 생명체는
도대체 어디서 온 걸까?

## 생명은 저절로 생겨나는 걸까?

중세까지만 해도 사람들은 생물이 '자연적으로 발생한다'고 여겼다. 이 자연발생설은 과학자들 사이에서도 널리 받아들여졌다. 벨기에 의학자 반 헬몬트Jan Baptista van Helmont는 항아리에 치즈와 땀에 젖은 셔츠를 넣고 창고에 두면 자연적으로 쥐가 발생한다고 주장하기까지 했다. 지금 생각하면 황당하기 짝이 없는 자연발생설은 무려 200년 가까이 이어지며, 생물은 생물에서만 발생한다는 생물속생설과 첨예한 대립각을 세웠다.

그러던 1861년 길고 지루한 논쟁에 종지부를 찍는 인물이 나타난다. 바로 루이 파스퇴르Louis Pasteur다. 그는 플라스크의 입구를 백조 주둥이 모양으로 만들어 공기는 통하되 세균은 들어갈 수 없게 한 뒤 플라스크 안에 담긴 영양액을 가열해 실제 이 영양액에서 자연적으로 생명이 발생하는지 관찰했다. 그 결과 영양액 안에선 그 어떤 미생물도 관찰되지 않았다. 이를 통해 자연발생설은 완전히 무너지고 생물속생설이 과학계에 자리 잡았다.

그러나 파스퇴르의 실험은 생명의 기원에 대해 묘한 딜레마를 던졌다. 생명이 자연적으로 만들어지지 않는다면 초기 지구에서 최초의 생명이 탄생한 과정을 설명할 길이 막막했기 때문이다. 우주로 눈길을 돌리려 해도 우주방사선 등 생명의 씨앗이 극한의 우주 환경을 모두 이겨내고 지구까지 날아왔다고 하기엔 조금 무리가 있었다.

### 실험실에서 생명을 만드는 실험?!

그러던 1922년 모스크바에서 열린 식물학회에서 자연발생설이 다시 고개를 내밀었다. 생화학자 알렉산드로 오파린Alexander Ivanovich Oparin이 최초의 생명체는 초기 지구 조건에서는 우연히 그리고 자연적으로 만

들어질 수 있다고 주장했다. 그는 원시 지구의 대기는 수소, 메테인, 암모니아 같은 환원성 기체로 가득했는데 이 기체들이 번개나 자외선, 고온의 니켈, 크롬 같은 금속 촉매 작용을 통해 단순한 유기화합물로 변했고 이후 암모니아 등과 결합해 복잡한 유기화합물이 됐다고 생각했다. 그리고 이런 화합물은 바다에 농축돼 일종의 막을 지닌 '코아세르베이트'라는 조금은 조악한(?) 세포 형태를 갖추게 됐고, 이들이 점차 스스로 분열하고 외부와 물질을 주고받는 기능을 갖추면서 단순한 세포로 진화했다고 주장했다.

　오파린은 자신의 주장을 책으로 엮어 1924년《생명의 기원》을 출간하며 생물학사에 한 획을 긋는다. 하지만 그의 이론은 실험으로 증명되지 않았기 때문에 많은 반대에 부딪혔다. 그로부터 30년이 지난 1953년, 시카고대의 물리화학자 헤럴드 유리Harold Clayton Urey와 그의 대학원생 스탠리 밀러Stanley Lloyd Miller가 오파린의 가설을 실험으로 입증

한다. 밀러는 플라스크 안에 물을 넣고 끓인 뒤(원시 지구 바다 재현) 여기에서 발생한 수증기가 원시 지구의 대기인 수소, 메테인, 암모니아와 섞이도록 실험을 설계했다. 그리고 마치 번개가 치듯 플라스크에 전기 스파크를 일으켰다. 그랬더니 놀랍게도 생명을 구성하는 필수 아미노산이 만들어졌다. 처음엔 5개 정도 만들어졌지만 나중에는 10개 이상의 아미노산이 생겼고, 심지어 DNA의 구성 성분인 염기의 일부도 만들어졌다.

하지만 일부 과학자들은 원시 지구의 대기가 지금의 금성처럼 이산화탄소로 이루어진 산화성 대기였을 수 있고, 환원성과 산화성의 중간쯤일 수도 있다며 밀러의 실험을 반박했다. 실제 밀러의 실험에서 수소, 메테인, 암모니아 기체 대신 이산화탄소 같은 산화성 대기를 넣고 실험을 재현했더니 아미노산의 생성률이 현저히 떨어졌다.

이로 인해 일부 과학자들은 우주로 눈길을 돌렸다. 생명을 이루는 분자인 아미노산이나 유기화합물이 운석에 실려 우주로부터 날아왔고, 여기서 생명의 싹이 텄다고 주장했다. 실제 1969년 9월 28일 오스트레일리아 남동부의 머치슨 마을에 떨어진 운석에서 지구에 없는 아미노산이 다수 발견되기도 했다. 1986년 핼리 혜성을 탐사한 결과 혜성에도 복잡한 유기물이 존재한다는 사실이 드러났다. 그런데 생명의 재료가 지구에서 만들어졌건 우주에서 왔건 간에 과학자들은 또 다른 문제에 직면할 수밖에 없었다. 과연 '연약한 생명체가 어디에서 만들어졌는가?'란 질문이다.

# 최초의 생명은 어디서 만들어졌을까?

초기 지구는 뜨거운 마그마로 가득했고, 운석 대충돌기를 겪으며 초토화됐다. 특히 원시 지구 바다에는 초기 생명체가 에너지를 만들어 물질대사를 할 만한 에너지원도 풍족하지 않았다. 과학자들의 고민이 깊어질 무렵, 1977년 해양지질학자 잭 콜리스Jack Corliss는 생명 탄생의 최적 후보지를 발견한다. 바로 '심해 열수구(심해 바닥에 존재하는 간헐천)'다. 그가 본 심해 열수구는 황화수소, 황화철 등이 끊임없이 방출되고, 온도가 100℃를 훌쩍 넘기도 했다. 그런데 놀랍게도 그가 이끄는 연구진은 생명체라고는 전혀 없을 것 같은 열수구 주변에서 엄청난 수의 미생물(고세균 등)을 발견했다. 이 세균들은 열수 구멍에서 방출되는 수소 기체로 에너지를 만들어 물질대사를 하고 있었다. 이 광

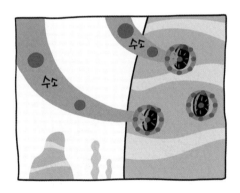

지구 역사 초기, 심해 열수구에 안착한 원시 세포는 수소 기체로 에너지를 만들어 물질대사를 했을 것이다.

경을 본 연구진은 심해 열수구가 지구 태초에 만들어진 원시 생명체가 안전하게 에너지원을 얻기 적합한 곳이라고 주장했다.

원시 바다에서 만들어진 복잡한 유기물들은 간단한 막을 이뤄 해저 열수 구멍에 안착했고, 구멍에서 방출되는 수소 기체를 에너지원으로 삼아 막 안에서 다양한 물질대사를 했다는 설명이다. 그리고 이후 일부 원시 세포가 복제를 통해 개체수를 불려 나가면서 지금의 세포로 진화했다는 가정이다. 일명 '심해 열수구 가설'로 불리는 이 가설은 현재 생명의 기원을 설명하는 가장 유력한 가설 중 하나로 받아들여지고 있다.

이렇게 생명의 기원에 대한 퍼즐 조각이 천천히 하나씩 맞춰지는 사이 다른 한편에선 또 다른 논쟁이 벌어지고 있었다. 바로 생명 탄생의 중심이 되는 분자가 DNA냐, 아니면 단백질이냐는 논쟁이다. 1950년대 제임스 왓슨James Dewey Watson과 프랜시스 크릭Francis Harry Compton Crick

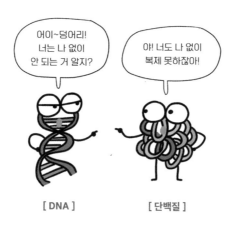

[ DNA ]   [ 단백질 ]

이 DNA의 구조를 발견한 후 DNA에서 RNA가 만들어지고, 이 RNA를 바탕으로 생명 활동의 중추적인 역할을 하는 단백질이 만들어진다는 사실이 밝혀졌다. 문제는 DNA 없인 단백질이 만들어지지 못하고, 반대로 DNA가 복제되려면 반드시 효소란 단백질이 필요하다는 사실이다. 그래서 어느 한쪽만 원시 지구에 출현해 생명 활동에 중심 분자로 작용한다는 건 생각하기 어렵다. 즉 '닭(DNA)이 먼저냐 달걀(단백질)이 먼저냐' 하는 문제에 봉착하게 된 것이다.

그러던 1983년 이 논란을 잠재울 놀라운 분자가 발견된다. 바로 DNA와 단백질 사이에서 존재감을 뽐내지 못했던 RNA다. 1983년 콜로라도대의 토마스 체크Thomas R. Cech 교수와 예일대의 시드니 알트먼Sidney Altman 교수는 RNA만으로 이루어진 '리보자임'이란 효소를 발견한다. 이전까지 생명체에서 화학반응을 담당하는 효소는 모두 단백질로만 구성돼 있다는 생각이 지배적이었다. 하지만 두 사람은 단백질이 아님에도 스스로 물질대사를 할 수 있는 RNA를 발견한 것이다.

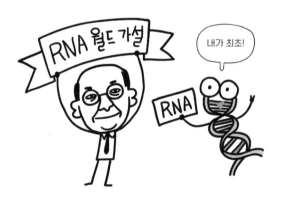

또 물질대사를 넘어 자기 복제까지 할 수 있는 RNA가 발견되자 1986년 하버드대의 월터 길버트Walter Gilbert 박사는 RNA로 생명 탄생을 설명하는 'RNA 월드 가설'을 들고 나온다. 그는 원시 지구에 DNA나 단백질이 아닌 자신을 복제할 수 있는 리보자임 형태의 RNA가 먼저 나타났다고 주장했다. 원시 지구는 RNA 분자로 가득한 RNA 세계였다는 가정이다. 이 RNA는 늦게 등장한 단백질에 화학반응 기능을 양보하고, 더 이후에 나타난 DNA에 복제나 유전 정보 저장 등의 기능을 물려줘 최초의 세포로 진화했다는 가설이다. 실제 도쿄대 첨단 과학기술연구센터에서는 RNA를 시험관 안에서 무작위로 돌연변이를 시키면 효소 기능을 지닌 리보자임이 만들어진다는 사실을 밝혀냈다.

이 밖에도 지구과학자 로버트 하젠Robert Miller Hazen은 암석에서 분자가 성장하며 생명체가 탄생했다는 '암석 모델'을 제시했다. 또 진흙 속 광물이 자기 복제자를 형성했을 거라는 '진흙 촉매 가설'을 주장하는 과학자들도 있다.

수십억 년 전 태초의 지구 깊은 바다 어느 곳에서 다양한 화학반응을 통해 생명의 씨앗이 싹트는 모습은 어땠을까? 그리고 단 하나의 생명으로부터 시작해 지금에 이르기까지 진행된 진화의 역사는 또 얼마나 경이로웠을까? 지금도 지구 곳곳의 실험실 어딘가에서 이 문제에 몰두하는 수많은 과학자들이 있을 것이다. 그들이 내놓을 여러 가설을 열심히 기다려보자.

# 동물은 왜 이래?

# 대머리독수리는
# 왜 대머리가 됐을까?

누구나 한 번쯤 자연 다큐멘터리에서
대머리독수리를 본 적이 있을 것이다.

사실 내 이름은 그냥 독수리야.
'독' 자에 이미 대머리란
뜻이 있기 때문이지.

죽은 동물을 발견하면 득달같이 몰려와 사체를 파먹는
대머리독수리를 보고 다윈은 '역겹다'고 표현했다.

맛집
발견!

우
웩!

그런데 궁금하지 않은가?
도대체 이들은 어쩌다가 대머리가 된 걸까?

## 대머리독수리가 대머리가 된 진짜 이유

머리에 깃털이 없고 죽은 동물의 사체를 먹는 수리과에 속한 녀석들을 영어로 '이글Eagle'이 아닌 '벌처Vulture'라고 부른다. 흰머리수리, 황금수리처럼 머리숱 많은 이글이 우리말로 '수리'다. 반면 머리 깃털이 없는 녀석들은 '독' 자를 붙여 독수리라고 부른다. 대표적으로 주름민목독수리, 아프리카흰등독수리, 모자쓴독수리 등이 있다. 하지만 '대머리독수리'란 이름이 익숙하기에 여기에선 이 녀석들을 대머리독수리로 칭하겠다.

그런데 어쩌다 머리 깃털이 다 빠진 걸까? 찰스 다윈Charles Robert Darwin도 대머리독수리의 탈모에 의문을 품었다. 그는 만약 대머리독수리의 머리숱이 수북했다면 동물 사체에 머리를 푹 처박고 살과 내장을 뜯어 먹는 과정에서 머리털이 동물의 피로 뒤범벅될 거라고 생각했다. 그리고 이때 함께 묻어나온 세균이나 기생충이 털에 들러붙어 있으면 감염병에 취약해질 거라고 예상했다. 이런 이유로 다윈은 이 녀석들이 탈모가 된 건 세균 감염을 피하기 위해 진화한 거라고 추측했다. 즉 탈모가 생존에 유리하다는 가정이다. 또한 이들이 사는 아프리카는 햇볕이 강해 깃털 없는 머리에 묻은 세균은 금세 살균된다고 생각했다. 다윈의 이런 가설이 허무맹랑하지 않은 이유는 아프리카대머리황새나 콘도르, 그레이터애주던트 등 동물 사체를 먹는 다른 새 역시 대체로 머리털이 없기 때문이다.

그런데 2008년 영국 글래스고대 동물건강연구소의 도미니크 맥카페티Dominic J. McCafferty 교수는 색다른 의견을 제시했다. 대머리독수리의 머리털이 벗겨진 이유는 체온 조절 때문이라는 것이다. 맥카페티 교수는 남극에 사는 큰 제비갈매기류의 경우 죽은 동물의 사체를 먹고 살지만 머리털이 수북하다고 설명했다. 이를 볼 때 대머리독수리의 탈모를 감염 회피용으로만 설명할 수 없다고 지적했다. 그는 대머리독수리가 땅 위에선 엄청난 열기를 받고, 2,000m 높이의 하늘을 날 때는 추운 냉기를 온몸으로 받기 때문에 평상시 휴식을 취할 때라도 효율적으로 체온을 조절해야 한다고 주장했다. 그렇다면 독수리의 탈모와 체온 조절은 어떤 관련이 있을까?

[ 아프리카 대머리황새 ]

야, 너도?

[ 콘도르 ]

맥카페티 교수는 대머리독수리의 자세와 관련해 그 답을 내놨다. 대머리독수리는 열을 배출할 때는 목을 앞으로 쭉 빼는 반면 열 손실을 줄일 때는 태양을 등진 채 머리를 몸 안으로 쏙 넣는다. 머리에 털이 없으면 혈관이 피부를 통해 바로 노출되기 때문에 더운 곳에 있을 때 머리를 쭉 빼면 빠르게 열을 방출할 수 있다. 반대로 기온이 낮을 때 머리를 몸통 안으로 숨기면 빠르게 머리 피부를 데워 체온을 높일 수 있다.

맥카페티 박사는 독수리와 비슷한 모형을 만든 후 대머리독수리의 피부를 입혀 열 손실 정도를 측정했다. 그 결과 머리털이 없을 때가 그렇지 않았을 때보다 열 손실률이 절반 가까이 줄었고, 열을 방출하는 정도는 25%나 높았다. 즉 대머리독수리의 탈모는 세균 감염뿐 아니라 체온 조절을 위한 목적도 있는 것이다.

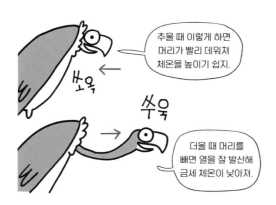

## 대머리독수리에겐 대머리보다 더 슬픈 사연이 있다

사실 대머리독수리에겐 탈모보다 더 슬픈 사연이 있다. 바로 대다수의 대머리독수리가 멸종 위험에 처해 있다는 것이다. 아프리카에서는 이미 11종의 대머리독수리 중 7종이 위기종으로 지정됐고, 이집트대머리수리는 거의 멸종된 상태다. 아프리카에 동물 사체가 부족할 리 없고, 또 독수리는 인간이 사냥하기 어려운 동물 아닌가. 그렇다면 무엇이 이들을 멸종 위기로 몰아넣었을까?

원인은 바로 인간이다. 특히 가축을 보호하려는 목축민들의 영향이 크다. 가끔 사자가 목축민들의 목장으로 내려와 소를 잡아먹는데, 이는 목축업을 하는 사람에게 무척 큰 골칫거리다. 사자는 소를 죽인 후 먹잇감을 함께 나눠 먹기 위해 동료를 부르러 간다. 그 사이 목축민들은 죽은 소에 잽싸게 '푸라단'이란 살충제를 뿌린다. 이후 사자 무리가 다시 돌아와 소를 먹으면 결국 사자 무리 전체가 죽는다. 이렇게 죽은 사자를 대머리독수리가 먹으니 무사할 리 없는 것이다.

밀렵꾼도 문제다. 대머리독수리는 밀렵꾼들이 죽인 동물 사체를 노리며 사냥터 상공을 날아다니는데, 독수리 때문에 밀렵꾼들의 정체가 탄로 나는 경우가 종종 있다. 그래서 밀렵꾼들은 자신들이 발각되지 않기 위해 사냥터 근처에 독극물을 살포해 대머리독수리를 죽인다.

2015년 생태학자 다시 오가다Darcy Ogada 박사가 발표한 논문에 따르면, 지난 10년간 아프리카에서만 대머리독수리의 개체수가

50% 감소했다. 감소 원인 중 61%가 독살이다. 그리고 앞으로 50년 동안 개체수가 최대 90% 이상 줄어들 거라고 내다봤다.

## 대머리독수리의 멸종이 생태계를 뒤흔든다?

'대머리독수리가 멸종하는 게 그렇게 심각한 일인가?'라는 의문이 들수 있다. 그러나 이들의 멸종은 생태계에 큰 위험을 초래한다. 대머리독수리는 넓은 지역을 이동하며 시체를 청소하는 생태계의 분해자이기 때문이다.

　대머리독수리 한 마리가 1분에 먹어 치우는 고기의 양은 무려 1kg에 달한다. 수십 마리가 무리를 지어 다니는 대머리독수리 떼는 30분이면 누 한 마리를 뚝딱 해치운다. 하이에나 같은 동물보다 훨씬

내가 없으면
생태계가
돌아갈 것
같아?

더 깔끔하게 사체를 발라먹는다. 따라서 이들이 사라지면 동물의 사체는 기하급수적으로 늘어나고, 늘어난 사체에 각종 해충이 번식하면서 결과적으로 인간에게 질병을 옮길 수 있다.

사이먼 톰셋Simon Thomsett 박사는 염소 사체로 실험한 결과, 대머리독수리가 없으면 동물의 사체가 분해되는 시간이 3~4배 늘어난다는 사실을 밝혀냈다. 이렇게 되면 사체를 찾아오는 포유류가 늘고 포유류가 사체에 머무는 시간도 길어진다. 결국 포유류가 각종 전염병의 숙주가 될 가능성이 커진다고 주장했다. 못생긴 외모와 끔찍한 식습관을 자랑하는 대머리독수리가 멸종되면 아이러니하게도 생태계가 엄청난 위험에 처하게 되는 것이다.

개인의 이익에 대한 생각 대신 이제라도 대머리독수리에게 관심을 가지고 이들을 보호해야 하지 않을까 하는 생각을 해본다.

# 알면 알수록 기묘한 동물, 문어

지구 생명체 중 변장술에 있어 문어만큼
기괴한 녀석은 없을 것이다.

변신의 대가인 카멜레온은 호르몬을 분비해 색을 바꾸기
때문에 아무리 빨라도 20초 정도의 시간이 필요하다.
하지만 문어는 눈 깜짝할 새에 색을 바꿀 수 있다.

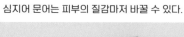

심지어 문어는 피부의 질감마저 바꿀 수 있다.

무척추동물 중 내가 지능 킹!

문어는 놀라운 기억력뿐 아니라 도구까지 사용할 정도로 지능이 뛰어나다.

$$S = \frac{|0|}{6}(\beta - a)^3$$
$$-x^2 + 1 = ax$$
$$x^2 + ax - 1 = 0$$

도대체 문어는 어떻게 이런 변장술과 지능을 갖추게 된 걸까?

## 문어는 어떻게 자유자재로 색을 바꿀 수 있을까?

5억 년 전 지구 바다에는 프렉트로노세라스, 엔도세라스, 카메로세라스 등과 같은 문어의 조상이 살았다. 이들은 모두 껍데기가 있었다. 하지만 약 1억 4,000만 년 전 중생대 중후반에 등장한 플라코돈트, 모사사우루스, 어룡 등 단단하고 뾰족한 이빨로 무장한 해양파충류가 두족류(문어, 오징어, 낙지 등과 같이 척추가 없고 몸이 연하며 체절이 없는 연체동물 가운데 다리[팔]가 머리에 달린 동물 종류)를 위협하기 시작하면서 두족류는 이들의 공격을 피하기 위해 점점 더 잽싸고 껍데기를 줄이는 방향으로 진화했다. 엄밀히 말하면 껍데기가 줄어든 개체만 살아남았다고 볼 수 있다. 그런 녀석들이 지금의 오징어나 문어가 된 셈이다.

　일본의 동물학자 모토카와 다쓰오Motokawa Tatsuo는 이를 두고 문어가 방어지향형에서 운동지향형 동물로 전환했다고 표현했다. 이렇듯 문어는 껍데기를 벗고 민첩해졌지만 밖으로 고스란히 드러난 야들야들한(?) 몸은 여전히 약점으로 작용했다. 그래서 이들은 살아남기 위해 또 다른 영리한 전략을 취한다. 그중 하나가 바로 '변장술'이다. 문

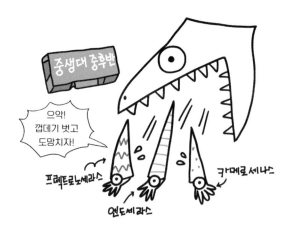

어는 순식간에 피부색뿐 아니라 피부의 질감까지 주변 환경과 완벽한 조화를 이루도록 바꿀 수 있다. 도대체 어떻게 이런 일이 가능할까?

문어의 피부를 자세히 들여다 보면 표면에 '크로마토포어Chromato-phore'라는 3가지 색소 주머니가 각각 분포한다. 검은색, 빨간색, 노란색 염료로 찬 풍선 같은 이 색소 주머니는 근육으로 둘러싸여 있다. 문어는 필요한 색을 표현할 때 해당 염료가 든 색소 주머니를 늘린다. 마치 염료가 들어찬 풍선을 부풀리면 염료의 색이 드러나는 것과 같은 원리다. 문어는 이 색소 주머니들을 늘렸다 줄였다 하며 줄무늬나 반점 같은 패턴을 만들어 색깔을 바꾼다.

그리고 검은색, 빨간색, 노란색 이외의 색을 만들 때는 크로마토포어 밑에 분포한 홍색소포를 이용한다. 이곳에 분포한 '리플렉틴Reflectin'이란 단백질이 특정 파장의 빛을 산란하는 방식으로 파란색이나 초록색 같은 금속성 구조색(수컷 공작새나 나비 날개에서 보이는 것처럼 물리적 구조가 빛에 영향을 미쳐 만들어지는 색)을 띨 수 있다. 뿐만 아니라 피부 가장 안쪽에 분포한 '르코포어스Leucophores'라는 세포층에서는 대부분의 빛을 반사해 흰색도 만들 수 있다. 이게 전부가 아니다. 피부를 둘러싼 돌기들은 시시각각 울룩불룩하게 변하면서 주변 환경과 어울리는 질감을 표현할 수 있다.

이렇듯 문어의 변화무쌍함은 앞서 얘기한 4가지 세포와 조직의 절묘한 조화에서 비롯된다. 그 변화무쌍함이 어느 정도냐 하면 미국 해양과학자 로저 핸런Roger Hanlon은 문어가 1시간 동안 무려 177번이

[ 문어의 피부 구조 ]

돌기

크로마토포어

르코포어스

홍색소포

돌기 : 시시각각 울룩불룩하게 변하면서 주변 환경과 어울리는 질감 표현

크로마토포어 : 검은색, 빨간색, 노란색의 염료로 찬 색소 주머니

홍색소포 : 리플렉틴이란 단백질이 있어 특정 파장의 빛을 산란

르코포어스 : 대부분의 빛을 반사시켜 흰색을 만드는 세포 조직

나 색을 바꿀 수 있다는 연구 결과를 발표했다. 이런 변장술 덕분에 이들은 껍데기라는 보호 장비 없이 지구 바다 전역에 분포하는 성공적인 연체동물로 자리매김했다.

## 문어는 다리에 뇌가 있다?!

그런데 과학자들에게 한 가지 고민거리가 있었다. 문어는 색을 정확히 구분하지 못하는 색맹으로 알려져 있는데, 어떻게 주변 환경을 인식하고 이와 거의 똑같은 색으로 몸을 변화시킬 수 있는 걸까? 이 질문에 대한 답은 꽤 최근인 2015년에야 찾았다. 매사추세츠주립대의 동물행동학자 데스몬드 라미레즈Desmond Ramirez 박사는 문어는 눈뿐 아니라 피부로도 세상을 감지한다는 사실을 밝혀냈다. 그는 캘리포니아 두점박이문어의 피부 조직만 떼어다가 실험했는데, 빛의 밝기에 따라 문어의 피부 색소 주머니의 크기가 변하는 모습을 관찰하는 데 성공했다. 라미레즈 박사는 문어가 뇌나 중추신경계를 거치지 않고 피부에 있는 광수용체만으로 빠르게 색(빛)을 감지할 수 있다고 주장했다. 그리고 문어의 피부에서 눈의 망막세포에서 발견되는 '옵신'과 '로돕신'이란 단백질을 발견했다. 이 역시 문어가 피부로 세상을 감지한다는 증거 중 하나라고 설명했다. 피부로 빛과 색을 감지한다니, 정말 기묘해도 이렇게 기묘한 동물이 없다.

이후 문어의 신경계에 대한 연구가 급물살을 타면서 학계에서는

놀라운 연구 결과들이 속속 나오기 시작했다. 먼저 문어의 몸에는 5억 개의 뉴런이 있는데, 이는 같은 연체동물인 달팽이보다 무려 2만 5,000배 많은 수치다. 고양이보다 2배 많고, 개와는 비슷하다. 그런데 이보다 더 놀라운 건 문어의 5억 개 뉴런 중 약 3분 1만이 뇌에서 발견된다는 사실이다. 나머지 뉴런의 대부분은 8개의 다리에 분포해 있다.

워싱턴대의 행동신경학 연구자 도미니크 시비틸리Dominic Sivitilli는 2019년에 열린 〈우주생물학 콘퍼런스AbSciCon 2019〉에서 문어가 음식을 찾을 때 뇌를 중심으로 판단하는 게 아니라 여러 개의 발이 독립적으로 상황을 판단한다고 주장했다. 그래서 뇌가 작아도 다른 동물에 비해 뛰어난 인지 능력과 학습 능력을 지닐 수 있다고 설명했다. 그는 만약 지적 외계 생명체가 있다면 인간이 아닌 문어처럼 색다른 방식의 인지 체계를 갖추고 있을 수 있다고 언급했다.

같은 맥락으로 호주 퀸즐랜드대의 청 웬성Wen-Sung Chung 박사는 문어 같은 두족류에서 지능의 '수렴진화'를 엿볼 수 있다고 말했다. 박쥐와 새가 계통은 다르지만 서로 독립적으로 하늘을 날 수 있는 날개를 진화시킨 것(수렴진화)처럼 척추동물과 무척추동물 역시 계통은 다르지만 한쪽에서는 인간이란 종이 지능을 갖고, 다른 한쪽에서는 문어(두족류 포함)란 녀석이 지능을 갖는 수렴진화가 일어났다는 주장이다. 실제 문어의 지능은 무척추동물 중 가히 독보적이다.

일부 과학자들은 문어가 도구를 사용할 수 있다고 말한다. 1963년 보라문어의 빨판에서 고깔해파리의 촉수가 발견됐다. 이를 근거로 보라문어가 고깔해파리의 촉수를 훔쳐 공격이나 방어용 도구로 사용한다는 논문이 발표된 바 있다. 최근에는 코코넛문어가 도구를 사용한다는 주장이 나왔다. 이들은 코코넛 껍데기를 들고 다니다가 마땅한 피난처가 없을 때 코코넛 껍데기에 들어가 숨는다. 코코넛이 없을 때는 버려진 플라스틱을 이용하기도 한다.

해양동물학자 줄리안 핀Julian K. Finn 박사는 문어의 도구 사용은 앞으로 일어날 일에 대한 대비나 예측이 수반된 지능적 행동이라고 주장했다. 또 문어가 병뚜껑을 여는 행동을 관찰했다는 연구도 자주 나

코코넛문어는 위장용으로 사용할 코코넛 껍데기를 들고 다닌다.

CHAPTER 3 | 동물은 왜 이래?

온다. 두족류 연구의 권위자인 롤랜드 앤더슨Roland C. Anderson은 2010년 문어가 인간을 개별적으로 구분할 수 있다는 논문을 발표하기도 했다. 한 마디로 문어는 사람이 옷을 바꿔 입어도 누가 누군지 안다는 얘기다. 더 나아가 2019년 일본 오키나와과학기술대학원의 타마르 구트닉Tamar Gutnick 박사는 Y자 유리관 실험에서 문어가 질감이 거친 유리관 쪽으로 발을 뻗어야 먹이 보상이 이루어진다는 사실을 학습했다고 발표했다. 이게 무슨 지능이냐고 생각할 수 있지만, 문어가 연체동물이란 사실을 떠올리면 이런 행동들은 놀라움 그 자체다.

그런데 이보다 더 흥미로운 건 문어가 조직이나 사회를 이루지 않는 동물임에도 불구하고 지능을 갖추고 있다는 점이다. 이게 왜 흥미로울까? 그동안 지능의 기원을 논할 때 사회적 지능 가설이 큰 축을 이뤘기 때문이다. 이 가설은 인간이나 침팬지처럼 일정 수준 이상의 지능을 갖춘 동물에게 적용된다. 예를 들어 과거 인류의 조상은 무리

출처 | 셔터스톡

문어는 병뚜껑을 직접 돌려서 열 수 있을 정도의 지능을 갖추고 있다.

를 이뤄 서로 협력하기 시작하면서 복잡한 사고를 하게 됐고, 이를 발판으로 더 크고 정교한 뇌를 가졌다는 주장이다.

하지만 이 가설은 문어에게는 적용되지 않는다. 많은 과학자들은 문어의 지능이 과거 껍데기를 잃고 포식자를 피하기 위한 생존 전략의 일환으로 진화했다고 생각한다. 그래서 어떤 진화생물학자는 지능의 기원을 설명할 때 사회적 가설과 더불어 생존을 위한 생태적 지능 가설도 논의되어야 한다고 주장한다. 실제 2018년 《네이처》에는 인간의 고도화된 뇌가 사회적 협동이 아니라 먹이를 찾고 가공하고, 천적을 피하려는 아주 기본적인 생존 활동에서 진화했다는 '생태적 지능 가설'에 대한 논문이 게재되기도 했다.

어쩌면 우주 어딘가에 있는 외계 행성에는 문어처럼 우리와 전혀 다른 과정과 방식을 거쳐 지능을 갖추게 된 생명체가 있을지도 모른

다. 그때 만약 그들이 지구란 행성을 발견한다면 인간이 아닌 문어를
지적 생명체로 지목하지 않을까?

# 방울뱀의 꼬리 속에는
# 뭐가 들었길래 소리가 날까?

방울 소리와 비슷한 소리를 낸다고 하여
붙여진 이름이 방울뱀이다.

맹독을 지닌 방울뱀은 화려한 색으로 경고하는 독사와
달리 꼬리를 흔들어 소리를 내는 방식으로 적에게
경고를 보낸다. 일각에서는 이 소리가 들소처럼 큰 동물에
밟히지 않기 위해 진화한 것이라는 설도 있다.

그런데 도대체 방울뱀의 꼬리 속에
뭐가 들어 있길래 이런 소리를 내는 걸까?

## 방울뱀의 꼬리 속은 텅 비어 있다

방울뱀의 꼬리 안에 대단한 거라도 들었나 싶지만 사실은 텅 비어 있다. 그래서 꼬리를 손에 쥐고 힘을 주면 과자처럼 바삭거리며 부스러진다. 이들의 꼬리는 우리 손톱처럼 딱딱한 케라틴 단백질로 이루어져 있으며, 꼬리 마디는 마치 고리가 맞물리듯 여러 겹으로 연결된 형태다. 그래서 꼬리를 흔드는 모습을 보면 꼬리 마디끼리 서로 부딪히면서 찰칵찰칵 소리가 난다.

방울뱀의 이름도 이 소리와 무관하지 않다. 영어 이름은 래틀스

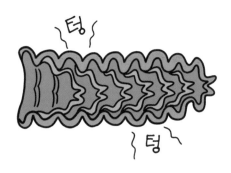

네이크Rattlesnake로, '래틀Rattle'은 방울 소리가 아니라 딱딱한 것끼리 부딪칠 때 나는 소리인 '달가닥거리다'란 의미를 지니고 있다. 이 소리는 마치 동굴 안에서 소리가 울리듯 텅 빈 꼬리 안을 맴돌며 증폭된다. 실제 방울뱀의 꼬리만 잘라 그냥 흔들기만 해도 같은 소리가 난다. 이런 이유로 방울뱀은 사냥할 때 근육으로 꼬리를 뻣뻣하게 고정한 채 움직인다. 꼬리가 흔들려 나는 소리로 인해 먹잇감에게 들키는 일이 없도록 하기 위해서다.

방울 꼬리와 연결된 '셰이커'라는 근육은 꼬리를 움직일 때도 사용된다. 방울뱀은 셰이커를 빠르게 수축하고 이완하며 방울 꼬리를 1초에 최대 100회, 무려 2시간 동안 흔들 수 있다. 벌새가 초당 30~50회 날갯짓을 한다는 사실을 떠올리면 엄청나게 빠른 속도다. 그런데 한 가지 재미있는 사실은 태어난 지 얼마 안 된 새끼 방울뱀은 방울 소리를 내지 못한다. 왜냐하면 부딪혀 소리를 낼 수 있는 꼬리 마디가 하나밖에 없기 때문이다. 하지만 탈피를 하며 성장하는 과정에서 케라

새끼 방울뱀은 부딪혀 소리를 낼 수 있는 마디가 없어 방울 소리를 내지 못한다.

틴으로 된 꼬리 마디가 추가로 계속 생긴다. 덕분에 어엿한 성체가 되면 8~10마디의 방울 꼬리를 지니게 된다. 물론 자랄수록 늘어나는 나무의 나이테와 달리 이들의 꼬리는 그 이상으로 더 늘지 않는다. 딱딱한 꼬리 마디가 너무 길면 자칫 부러질 수 있기 때문이다.

## 방울뱀 꼬리에 숨겨진 안타까운 사연

그런데 방울뱀의 방울 소리엔 한 가지 안타까운 사연이 숨어 있다. 미국의 파충류학자 조셉 루빈스키Joseph lubinski와 박물학자인 론 루소Ron lusso 박사는 20세기 후반 들어 소리를 내지 못하는 방울뱀의 개체수가 점점 늘고 있다고 주장했다. 뱀을 사냥하는 땅꾼들이 방울뱀이 내는 소리로 위치를 파악해 포획하는 일이 늘면서 소리를 내지 못하는 방

울뱀이 생존에 더 유리해졌기 때문이라는 설명이다.

이처럼 자연이 아닌 인간에 의해 특정 형질이 유도(선택)되는 현상을 '인위선택'이라고 한다. 상아 때문에 코끼리의 밀렵이 늘자 작은 상아를 지닌 코끼리 개체수가 늘어난 현상이 대표적이다. 문제는 소리 없는 방울뱀이 많아지면 이들의 경고음을 듣지 못한 사람들이 방울뱀에게 물리는 사고가 잦아질 수 있다는 것이다. 인간이 쏜 화살이 다시 인간에게 돌아오는 셈이다.

# 얼룩말은 왜 줄무늬를 지니게 됐을까?

얼룩덜룩한 줄무늬는 '얼룩말'이란 이름과 정말 찰떡이다.

과학자들은 얼룩말의 무늬가 흰 바탕에 검은 줄이 나는 건지, 검은 바탕에 흰 줄이 나는 건지 헷갈렸다. 그런데 최근, 검은 바탕에 흰 줄인 것으로 밝혀졌다.

궁금증이 풀렸지만 사실 과학자들을 오랫동안 괴롭힌 질문은 따로 있었다. '어쩌다 얼룩 줄무늬를 지니게 됐을까?'라는 것이다. 과연 그 답을 찾았을까?

## 얼룩말의 무늬는 위장용?

사실 얼룩말의 얼룩 줄무늬는 초원이란 환경과 어울리지 않는다. 특히 무늬와 색은 사바나의 여타 동물들과 비교해도 너무 독특하다. 생물 학자들은 궁금증을 가질 수밖에 없었다. 아무리 생각해도 줄무늬를 가진 개체가 사바나에서 살아남기엔 유리하지 않기 때문이다.

다윈과 동시대를 살았던 진화학자 앨프리드 월리스Alfred Russel Wallace는 얼룩말의 무늬를 '위장용'이라고 설명했다. 그는 얼룩말의 줄 무늬가 포식자들을 혼란시키기 좋다고 말했다. 특히 사자 같은 포식자 는 색약이라 초원의 풀과 얼룩말의 무늬를 잘 구분하지 못하기 때문 에 얼룩말이 풀숲 사이에 있으면 사자의 시선을 따돌릴 수 있다는 주 장이다. 이 위장용 가설은 얼룩말이 줄무늬를 갖게 된 이유를 설명하 는 가장 전통적인 가설이다. 이후 여러 과학자들은 월리스의 가설에 살을 붙여 위장설에 힘을 더했다. 그중 대표적인 것이 바로 '착시 위장 효과'다.

위장설은 얼룩말이 여러 마리 모여 있으면 일종의 '다즐 위장' 같은 효과를 낼 수 있다는 주장이다. 다즐 위장은 제1차 세계대전 때 사용한 위장 전술로, 군함 표면에 줄무늬를 그려 넣어 적군을 교란하는 작전이다. 적군의 눈에 잘 띌지 몰라도 군함의 이동 경로와 속도, 방향 등을 헷갈리게 만드는 데 더없이 유용하다. 얼룩말도 마찬가지다. 여러 마리가 모여 있으면 포식자는 얼룩말이 하나의 거대한 패턴으로 보이기 때문에 패턴 속에서 사냥감 하나를 골라내기란 여간 어려운 일이 아니다.

2013년 영국 브리스톨대의 마틴 호아Martin J. How 교수와 로열할로웨이대의 요한 쟁커Johannes M. Zanker 교수는 얼룩말들이 이동할 때 생기는 패턴을 분석했다. 혼란을 주는 요소가 얼마나 많은지 확인하는 연구였다. 실험 결과 여러 마리의 얼룩말이 움직일 때 예상치 못한 패턴

출처 | 셔터스톡

다즐 위장은 군함 표면에 줄무늬를 그려 넣어 적군을 혼란에 빠뜨리는 전술이다.

이 무수히 많아지는 것을 발견했다.

쟁커 교수는 얼룩말의 패턴이 이발소 간판과 비슷한 착시 효과를 준다고 주장했다. 실제로는 가로로 회전하는 기둥인데 우리 눈에는 세로로 회전하는 것처럼 보인다고 말이다. 또 자동차 바퀴가 일정한 속도가 되면 뒤로 도는 듯한 착각을 일으키는 것과도 비슷한 원리라고 설명했다.

## 얼룩말의 무늬는 체온 조절용?

그러나 위장용 가설은 치명적인 허점이 있다. 바로 얼룩말은 사자의 주요 먹잇감이란 사실이다. 위장을 위해 줄무늬가 진화했다면 다른 초식동물보다 얼룩말이 덜 잡혀야 하지 않을까? 하지만 두드러질 정도로 차이가 나지 않는다. 아시아에도 호랑이 같은 포식자가 있지만 줄무늬를 지닌 말이 출현하지 않았다는 점 역시 조금 의아하다. 그러자 다른 과학자들은 '체온 조절'이라는 꽤 발칙한 가설을 내세웠다. UCLA의 얼룩말 전문가 브렌다 라리슨Brenda Larison 박사는 2015년 논문을 통해 얼룩말의 줄무늬가 피부의 온도를 낮춘다고 주장했다. 얼룩말의 무늬 중 검은 부분은 빠르게 뜨거워져 상승 기류가 강하고, 흰부분은 상대적으로 온도가 낮아 하강 기류가 생기면서 얼룩말 피부표면에 공기의 대류가 발생해 더운 환경에서도 피부의 온도가 낮아진다는 설명이다.

공기의 대류

또 줄무늬가 있는 포유류의 피부 온도가 줄무늬가 없는 포유류
보다 3℃ 낮다고 주장했다. 그러나 이 주장도 많은 반대에 부딪혔다. 줄
무늬가 냉각 효과 때문에 진화했다면 얼룩말들은 땡볕에서도 풀을
뜯어 먹을 수 있어야 한다. 하지만 대부분의 얼룩말은 너무 더우면 그
냥 그늘로 간다. 즉 줄무늬가 주는 냉각 효과가 미미하다는 얘기다.
실제 2018년 가보르 호바스Gabor Horvath 박사는 얼룩말의 줄무늬가 냉
각용이 아니란 사실을 실험으로 증명해 《사이언티픽 리포트Scientific Re-
ports》에 논문으로 발표했다. 그는 배럴통에 줄무늬 가죽과 무늬가 없
는 가죽을 각각 씌워 놓고 온도가 어떻게 변하는지 측정했다. 그 결과
직사광선이 아닌 경우 검은색과 흰색 무늬 사이에선 온도 차이가 없
었으며 대류도 일어나지 않았다. 결국 냉각 효과는 없었다. 위장용 가
설도, 야심 차게 등장한 체온 조절설도 애매하다면 도대체 얼룩말의
줄무늬는 무엇 때문에 자연선택된 걸까?

가보르 호바스 박사의 실험 사진. 배럴통에 줄무늬 가죽과 무늬가 없는 가죽을 씌워 놓고 온도를 측정한 결과 줄무늬 가죽의 냉각 효과는 없었다.

## 흡혈파리가 얼룩말 무늬 진화의 원동력?

놀랍게도 최근 가장 설득력을 얻고 있는 주장은 '흡혈파리 가설'이다. 얼룩말의 줄무늬가 흡혈파리에게 물어뜯기는 것을 피하기 위해 진화한 형질이라는 의견이다. 흡혈파리는 동물의 피를 빨아먹는 곤충을 총칭하는 말로, 얼마나 지독한 녀석들인가 하면 흡혈파리 떼가 소 한 마리에 달라붙어 빨아먹는 피의 양은 최대 500cc에 달한다는 연구 결과가 있을 정도다. 사실 흡혈파리 가설은 1930년 해리스R.H.T.P. Harris 박사가 처음 주장했다. 그때는 주목받지 못했지만 최근 들어 이 가설을 뒷받침하는 연구들이 속속 나오고 있다.

2012년 헝가리 에트베스로랜드대의 아담 에그리Adam Egri 박사는 실제 말 크기의 모형에 검은색, 흰색, 갈색 그리고 줄무늬 모양을 각각

그려 넣은 후 끈끈이를 붙여 말 모형에 들러붙는 흡혈파리(실험에선 말파리)의 수를 조사했다. 그 결과 검은색 말 모형엔 562마리, 갈색 말 모형엔 334마리, 흰색 말 모형엔 22마리가 붙었다. 놀랍게도 줄무늬 말 모형엔 8마리만 붙어 있었다. 또 추가 실험에서 얼룩말의 줄무늬 간격이 좁을수록 흡혈파리가 덜 꼬인다는 사실도 밝혀냈다.

　미국 캘리포니아대의 팀 카로Tim Caro 교수 역시 2014년, 2019년 두 차례에 걸쳐 〈얼룩말의 줄무늬와 흡혈파리의 회피〉에 관한 논문을 발표했다. 논문 속 사진(193쪽)에서 빨간색 선은 흡혈파리의 이동 경로를 나타내는데, 얼룩말보다 갈색 말에 흡혈파리가 훨씬 더 많이 접근했다는 사실을 알 수 있다. 그리고 카로 교수는 말에 얼룩무늬 옷을 입히는 실험도 진행했다. 총 7마리의 말에 각각 검은색, 흰색, 얼룩무늬 옷을 입힌 후 흡혈파리의 접근 정도를 조사했다. 실험 결과 흡혈파리는 얼룩무늬 옷을 입은 말에 거의 접근하지 못했다. 더 놀라운 사실은 얼룩무늬 옷을 입어도 얼룩무늬가 없는 얼굴 부분에는 흡혈파리가 잔뜩 몰렸다는 점이다. 카로 교수는 흡혈파리가 얼룩무늬 근처에

**빨간색 선이 흡혈파리의 이동 경로다. 얼룩말에겐 흡혈파리가 거의 접근하지 않았다.**

오면 비틀거리거나 방향을 180도 돌려 반대로 날아가는 등 제대로 비행을 하지 못 한다고 밝혔다. 현재 많은 생물학자가 흡혈파리 가설에 손을 들어 주고 있다.

그런데 흡혈파리가 얼룩말만 물어뜯는 게 아닐 텐데, 다른 아프리카 동물은 왜 '줄무늬'가 없을까? 카로 교수는 얼룩말의 '털'에 주목했다. 얼룩말, 누, 오릭스, 야생 당나귀 등의 털 길이를 조사한 결과, 다른 동물보다 얼룩말의 털 길이가 확연히 짧다는 사실을 알아냈다. 얼룩말은 다른 동물들보다 털이 짧아 흡혈파리에게 물어뜯기기 쉽고, 그래서 이에 대한 방어 전략으로 흡혈파리를 혼란시킬 수 있는 줄무늬를 갖는 방향으로 진화했다고 카로 교수는 주장했다. 하지만 이는 카로 교수의 주장일 뿐이고, 유독 얼룩말이 흡혈파리에게 취약한 이유는 아직 정확히 밝혀지지 않았다. 얼룩말의 줄무늬 하나에도 과학자들의 치열한 공방전이 있었다는 사실이 정말 신기할 따름이다.

# 기린의 목이 길어진 진짜 이유는?

다윈은
모든 생물종은
유전적 변이를
가지고 있어 자연에서
유리한 형질을 지닌
개체만 살아남는다는
'자연선택설'을
주장했다.

결국 다윈의 자연선택설이 승리했지만 여전히
의문점은 남는다. 정말 기린의 목은 왜 길어진 걸까?

## 기린의 긴 목을 두고 벌어진 긴 논쟁

다윈은 《종의 기원》 6판에서 다양한 기린 중 목이 긴 개체들이 먹이가 부족한 시기에 더 높이 있는 나뭇잎을 먹을 수 있었기 때문에 살아남 았다고 주장했다. 그리고 살아남은 기린의 '목이 긴 형질'이 유전돼 지 금의 기린이 됐다고 생각했다. 그러나 기린의 목이 길어진 이유에 대한 논쟁은 아직 끝나지 않았다. 지금도 많은 학자 사이에서 다양한 가설 이 오가고 있다.

　행동생태학자 로버트 시몬스Robert E. Simmons 교수는 기린의 긴 목 은 먹이 때문에 진화한 게 아니라고 주장했다. 그는 수컷과 암컷 기린 이 주로 먹는 먹이의 높이 분포를 그래프로 비교했는데, 이 자료를 보 면 기린이 주로 먹는 나뭇잎은 머리 꼭대기 높이가 아니란 걸 알 수 있 다. 시몬스 교수는 이를 통해 기린의 목이 단순히 높이 달린 먹이를 먹 기 위해 진화한 결과가 아니라고 말했다. 사실 기린의 목이 길어진 이 유에 대한 논쟁은 꽤 오래전으로 거슬러 올라간다.

　1949년 동물학을 전공한 영국 언론가 채프먼 핀처Chapman Pincher는

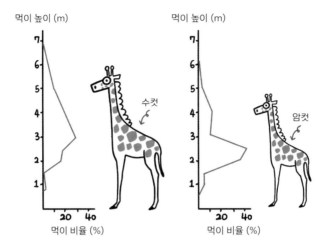

수컷과 암컷 기린 모두 자신의 키보다 훨씬 낮은 곳에 있는 먹이를 주로 먹는다. 시몬스 교수는 이를 통해 기린의 긴 목이 높이 달린 먹이를 먹기 위해 진화한 게 아니라고 주장했다.

《네이처》에 기린 목에 관한 꽤 신선한 기사 하나를 기고한다. 바로 기린이 물을 먹기 위해 목이 길어졌다는 내용이다. 핀처는 기린의 다리에 주목했다. 기린의 긴 다리는 포식자(사자)를 피하기 위해 진화한 형질인데, 다리가 길어지다 보니 물을 마실 때 도저히 목이 안 닿는 상황이 벌어졌다. 이에 대한 해결책으로 물을 마시기 위해 목이 길어지는 자연선택압을 받았다고 주장했다. 하지만 그의 주장은 얼마 못 가 산산조각이 난다.

바로 1970년 기린의 조상으로 확인된 '사모테리움 메이저' 화석 때문이다. 사모테리움 메이저의 다리는 기린만큼 길지만 목은 1m로

출처 | Pixabay(좌), 위키미디어(우)

◀ 기린의 긴 목은 물을 마시기 위해 진화한 형질이라는 주장이 있었다. 물론 이는 사실이 아니다.

▶ 기린의 조상인 사모테리움 메이저의 상상도. 이들은 기린보다 목이 절반가량 짧지만 600
만 년 동안 잘 살았다. 따라서 긴 다리 때문에 목이 짧은 개체가 도태됐다는 가설은 신빙성
이 없다.

지금 기린의 절반에 불과했다. 생물학자들은 사모테리움 메이저가 이
체형으로 600만 년 동안 잘 살았고, 기린의 목이 약 100만 년 전부터
본격적으로 길어졌다는 점에 주목했다. 이를 고려하면 목이 짧은 개
체가 긴 다리 때문에 물을 잘 마시지 못해 도태됐다는 가설은 그다지
신빙성이 없다고 못 박았다.

앞서 기린의 긴 목이 먹이 때문이 아니라고 주장한 로버트 시몬
스 교수는 1990년대 들어 '성선택'이라는 새로운 가설을 제시한다. 지
금도 수컷 기린은 암컷을 차지하기 위해 일명 '넥킹Necking'이라고 하
는 목싸움을 한다. 목이 길고 머리가 무거운 기린일수록 강력한 한방
을 날릴 수 있다. 시몬스 교수는 목싸움에서 승리한 수컷 기린만 암

서로 목싸움을 하는 수컷 기린들. 목싸움에서 승리하기 위해 목이 긴 개체만 자연선택됐다는 주장도 있다.

컷의 선택을 받았고, 그 결과 기린의 목이 점차 길어졌다고 설명했다. 마치 기린의 긴 목은 수컷 공작의 꼬리와 같다는 주장이다.

그러나 이 가설은 암컷 기린이 목이 긴 이유를 제대로 설명하지 못한다. 그리고 대개 성선택으로 나타나는 특정 형질은 한쪽 성에만 두드러진다. 아니나 다를까. 2009년 미국 와이오밍대 그레이엄 미첼Graham Mitchell 박사는 이 성선택 가설을 반박하는 논문을 발표한다. 시몬스 교수는 수컷 기린과 암컷 기린의 목 길이가 생각보다 큰 차이가 난다고 주장했지만, 미첼 박사는 논문을 통해 암컷과 수컷의 목 길이는 차이가 없다고 반박했다. 오히려 덩치가 클수록 암컷의 목 길이가 수컷보다 더 긴 경우도 있다는 사실을 발견했다.

## 체온 조절 때문에 목이 길어진 걸까

그럼 도대체 기린의 목은 왜 길어졌을까? 2017년 미첼 교수는 기린이 다른 동물보다 다리와 목이 길기 때문에 표면적이 넓어 열을 쉽게 발산할 수 있다고 주장했다. 그가 이끄는 연구진은 이를 증명하기 위해 기린의 신체 구역을 나눠 암수 각각 30마리씩 총 60마리(청소년 개체도 포함)의 표면적을 측정했다. 작게는 약 2m²에서 넓게는 약 12.4m²까지 나왔다. 몸무게를 고려했을 때 표면적은 1kg당 새끼의 경우 145cm², 성체의 경우는 90cm² 정도다. 다른 동물과 크게 다르지 않다. 결국 연구진은 기린의 표면적 넓이가 다른 동물과 별 차이 없다고 결론 내렸다. 긴 목이 체온 조절 때문이라는 주장과 표면적 넓이가 다른 동물과 차이가 없다는 주장은 상반돼 보인다. 하지만 연구진은 기린의 표

머리가 태양을 향하면 머리 그림자에 긴 목이 가려져 열을 빠르게 식힐 수 있다.

면적 때문이 아니라 긴 목과 특정 행동이 한 데 어우러져 체온 조절의 역할을 톡톡히 한다는 새로운 가설을 제시했다.

바로 기린이 태양을 향해 머리를 똑바로 뻗는 행동이다. 머리가 태양을 향하면 긴 목은 머리의 그림자에 가려 그늘에 놓이게 되고, 덕분에 열을 빠르게 식힐 수 있어 효율적인 체온 조절이 가능하다는 설명이다. 예를 들면 긴 젓가락(기린의 목에 해당)에 동그란 구(기린 머리에 해당)를 꽂고 빛을 향해 세우면 둥근 구가 만든 그늘에 젓가락이 가려지는 이치와 비슷하다.

실제 나미비아 에토샤 국립공원에서 기린의 행동을 관찰한 결과, 기온이 20도일 때는 기린의 35%만 머리를 태양 쪽으로 뻗는 행동을 한 반면 기온이 37도일 때는 이런 행동을 한 기린의 비중이 무려 60%로 늘어났다. 연구진은 또 기린의 발목과 목의 직경이 작은 특성도 열을 빨리 방출시키는 데 도움이 된다고 설명했다. 목과 발목에 많이 분포한 땀샘 역시 도움이 된다고 언급했다.

하지만 현재까지 기린의 목이 왜 길어졌는지에 대해 아직 명쾌한 답은 없다. 먹이, 성선택, 체온 조절 등을 두고 생물학자들 사이에선 여전히 의견이 분분하다. 똑 부러진 결론이 없어 아쉬운가? 이게 과학이 지닌 매력이다. 이랬다저랬다 하며 연구에 연구를 거듭하고, 최대한 객관적이고 합리적인 해결책을 찾아가는 과정! 그 과정 자체가 과학만의 매력 아닐까?

# 넙치의 얼굴은
# 어쩌다 삐뚤어졌을까?

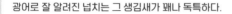

광어로 잘 알려진 넙치는 그 생김새가 꽤나 독특하다.

그냥 못생겼다고 말해라!

자고로 물고기라 하면 좌우 대칭이 기본인데, 넙치와 가자미의 눈은 한쪽으로 쏠려 있다. 게다가 지느러미를 좌우가 아닌 위아래로 흔들며 헤엄을 친다.

쟤 왜 저러냐?

재미있는 건 부화 직후 넙치는 좌우대칭이라는 사실이다.
그런데 3주 후부터 한쪽 눈이 반대편으로 이동하면서
한 달이 지나면 얼굴이 완전히 삐뚤어진다.

도대체 이들의 얼굴은 왜 이렇게
기괴한 모습으로 진화하게 됐을까?

그냥
못생겼다고
하라니까!

## 다윈마저 두 손 두 발 들게 만든 넙치

진화론의 창시자 다윈조차 기괴한 넙치의 발생 과정과 생김새를 보고 이들의 진화 과정에 난색을 표했다. 그래서일까? 넙치의 눈은 진화론을 비판하는 이들에게 아주 좋은 먹잇감이 되곤 했다. 특히 1871년 영국의 생물학자 조지 미바트George Jackson Mivart는 넙치의 한쪽 눈이 반대편으로 옮겨가는 진화가 점진적으로 일어났다고 가정할 경우 중간 단계에 있는 종은 생존에 있어 그 어떤 이점도 없었을 거라며 다윈의 이론을 비판했다.

다윈 역시 미바트의 의견을 받아들여 《종의 기원》 6판에선 넙치 눈의 진화를 진화론자 장 바티스트 라마르크Jean Baptiste Lamarck의 용불용설로 설명하는 악수까지 두었다. 그는 넙치 조상 중 일부가 천적을 피하기 위해 바닥에 가라앉아 생활했는데 그러다 점차 한쪽 눈을 반대쪽으로 옮겨가는 녀석들이 많아졌고, 이런 형질이 후대로 유전돼 지금의 넙치가 됐다고 설명했다. 이렇듯 넙치는 진화생물학계를 혼란에 빠뜨린 물고기였다.

　이런 혼란은 20세기에 들어서도 여전했다. 1933년 미국의 유전학자 리처드 골드슈미츠Richard Benedict Goldschmidt는 넙치의 눈은 점진적 진화가 아니라 우연한 돌연변이로 급격하게 진화했다고 설명했다. 하지만 연관 유전자를 발견하지 못해 그의 주장은 정설로 받아들여지지 않았다. 그렇다고 점진적 진화설이 정설로 자리 잡은 것도 아니었다. 눈이 대칭에서 비대칭으로 넘어가는 중간 화석이 발견되지 않았기 때문이다. 이렇듯 넙치 눈의 진화를 두고 많은 진화생물학자 사이에선 공방이 오갔다.

## 넙치 얼굴의 진화를 설명할 결정적 단서

그러던 2008년 시카고대의 대학원생 매트 프리드먼Matt Friedman은 넙치 얼굴 진화의 비밀을 풀 증거를 찾아낸다. 그 열쇠는 5,000만 년 전에 살았던 '암피스티움' 물고기 화석이다. 화석에 드러난 그들의 모습은 평범하기 그지없는 물고기였지만, 프리드먼의 생각은 달랐다. 그는 이 물고기가 어딘지 모르게 넙치와 닮았다고 생각해 유럽 전역을 돌며 여러 암피스티움 화석을 찾아 CT로 스캔했다. 그 자료를 모두 모아 분석하자 놀라운 결과를 발견했다. 반대편 눈의 위치가 머리 위에 있었던 것이다. 눈이 좌우대칭인 물고기에서 넙치로 진화하는 중간 단계의 종임이 확실했다.

프리드먼은 비엔나 자연사박물관에서 오랫동안 미분류 상태였던 물고기 화석을 또 발견했다. 진짜 모습을 찾기 위해 조심스럽게 염산을 부었더니 이 물고기 역시 오른쪽 눈은 정상적으로 위치해 있는 반면 왼쪽 눈은 머리 위쪽에 있었다. 그는 이 물고기를 넙치처럼 '색

암피스티움 화석 사진. 프리드먼은 이 물고기 화석을 CT로 스캔해 반대편 눈의 위치가 머리 위에 있다는 사실을 밝혀냈다.

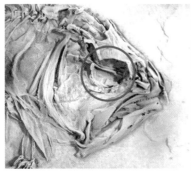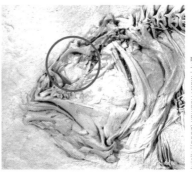

헤테로넥테스 샤네티 두개골의 오른쪽과 왼쪽 단면. 양쪽 눈의 위치가 다르다. 프리드먼은 이 물고기가 넙치로 진화하는 중간 단계의 종이라고 주장했다.

다르게 헤엄치는 물고기'란 뜻의 '헤테로넥테스 샤네티'로 명명했다.

프리드먼은 화석 증거들을 토대로 넙치의 눈은 점진적으로 진화했다고 주장했다. 처음엔 좌우대칭인 경골어류였지만 암피스티움, 헤테로넥테스 샤네티와 같이 한쪽 눈이 머리 위로 올라가는 과정을 거쳐 지금의 모습을 갖췄다는 설명이다. 그런데 이렇게 점진적으로 진화했다면 비대칭 눈은 생존에 어떤 이점이 있어 자연선택된 걸까?

과학자들은 아프리카에 서식하는 물고기 '님보크로미스 리빙스토니'에서 그 단서를 찾았다. 이들은 몸을 바닥에 옆으로 눕힌 채 죽은 척하며 먹잇감을 기다리는 방식으로 사냥한다. 이는 바닥에 눕는 행동이 생존에 유리하다는 걸 뜻한다. 일부 과학자들은 넙치나 가자미의 조상 중 일부도 이와 마찬가지로 바닥 생활을 하는 녀석들이 있었을 거라고 추측했다. 이때 한쪽 눈이 모래 속에 파묻혀 외눈박이가 되

는 것을 막기 위해 어쩔 수 없이 두개골이 뒤틀리며 한쪽 눈이 위로 올라가는 진화의 경로를 택했다고 주장했다.

그런데 좀 이상하지 않은가? 왜 이들은 홍어나 가오리처럼 몸이 양옆으로 넓어지는 형태로 진화하지 않았을까? 진화생물학자 리처드 도킨스Clinton Richard Dawkins는 《눈먼 시계공》에서 그 이유에 대해 이렇게 말했다.

"넙치와 가자미는 홍어, 가오리와 그 출발점이 다르다. 가오리는

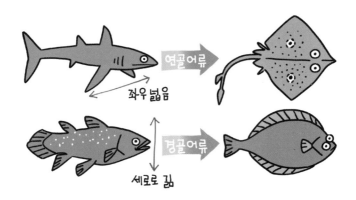

상어에서 시작된 연골어류로 애초에 몸이 좌우로 넓은 조상 종에서
비롯됐다. 반면 넙치와 가자미는 몸이 세로로 긴 경골어류가 시작점
이기 때문에 이들이 바닥 생활에 적응하려면 몸이 넓어지는 것보다
몸을 눕힌 채 눈의 위치만 바꾸는 편이 훨씬 유리한 적응(진화적 전략)
이었을 것이다."

다시 말해 넙치와 가오리는 다른 계통이지만 수렴진화의 결과,
행동(수영)과 외형이 비슷해졌을 뿐 애초에 출발점이 다르기 때문에
반드시 같은 진화 과정을 거칠 필요가 없다는 얘기다. 최근에는 넙치
배아의 피부에서 발현되는 색소의 비대칭이 넙치의 눈 주변 세포 형
성에 영향을 주고, 이로 인해 한쪽 눈이 점차 반대편으로 이동한다는
분자적 관점으로 메커니즘을 설명하는 논문들도 속속 등장하고 있
다. 국민 횟감인 광어에 이런 진화의 역사가 담겨 있다는 사실이 정말
놀랍지 않은가.

# 입으로 새끼를 낳는
# 개구리가 있다고?

양서류 세계에서는
천적으로부터 알을 보호하기
위해 기괴한 방식으로
번식하는 개구리들을
종종 볼 수 있다.

다윈개구리 수컷은
수정된 알을 삼켜
자신의 울음주머니에
보관한 후 알이 새끼로
자랄 때까지 키운다.

다윈개구리보다 한술
더 떠 자신의 알을
진짜로 먹는 녀석도 있다.
일명 위부화개구리는
자신의 알을 삼켜
위 속에서 새끼를 키운다.

## 위부화개구리의 발견

1974년 양서류학자 마이크 타일러Michael J. Tyler는 호주 동부 퀸즐랜드의 한 숲에서 독특한 개구리를 발견했다. 그가 본 장면은 개구리 암컷이 입으로 새끼를 낳는 모습이었다. 더 충격적인 건 그가 손가락으로 개구리 암컷의 배를 누르자 1초도 되지 않아 새끼 여섯 마리가 입 밖으로 튀어나왔다는 사실이다. 범상치 않은 개구리라고 느낀 타일

출처 | Michael J. Tyler et al. (1981)

위부화개구리의 X-ray 사진. 올챙이들이 배 속에 가득 차 있다.

러 교수는 이 개구리들을 채집해 X-ray를 찍었다. 그 결과는 더 충격적이었다. 개구리의 위가 20여 마리의 올챙이들로 가득했다. 새끼들은 어미 몸무게의 무려 40%를 차지했다. 한껏 부풀어 오른 배가 폐를 짓누르는 바람에 어미 개구리는 폐로 호흡하지 못하고 오직 피부로만 숨을 쉬었다. 게다가 알이 부화해 새끼로 자라는 6주 동안 어미는 아무것도 먹지 않아 위산도 전혀 나오지 않았다.

타일러 교수는 이 개구리의 흥미로운 행동을 논문으로 써서《네이처》에 게재하려 했지만 별로 흥미롭지 않다(?)는 이유로 논문을 싣지 못했다. 그래서 1981년 다른 학회지(동물행동)에 논문을 발표했다. 그러자 그의 연구를 주목한 곳은 다름 아닌 의료계(플린더스 메디컬센터)였다. 위산을 억제해 새끼를 키우는 위부화개구리를 잘 연구하면 위궤양 같은 위질환 치료제 개발에 도움이 될 수 있기 때문이다. 실제 타일러 교수는 추가 연구를 통해 알과 올챙이가 '프로스타글란딘

E2PGE2'란 물질을 분비해 어미 개구리의 위산을 억제한다는 사실을 밝혀냈다.

## 위부화개구리의 멸종과 복원

그러나 같은 해인 1981년, 연구도 시작하기 전에 이 개구리는 야생에서 자취를 감췄다. 2년 뒤엔 채집해 보관하고 있던 개체마저 죽으면서 완전한 멸종을 고했다. 하지만 다행히 다음 해인 1984년 퀸즐랜드 북쪽에 위치한 은젤라 국립공원에서 비슷한 종이 발견됐다. 앞서 발견한 종보다 더 북쪽에서 서식해 '북부 위부화개구리'로 불렸다. 하지만 기쁨도 잠시, 1년 만에 이 개구리마저 멸종되면서 의료용으로써 추가 연구는 물거품이 됐다. 멸종 원인으로 산림 파괴, 양서류에게 치명적인 항아리곰팡이병 등이 지목됐지만 정확한 이유는 아직도 밝혀지지 않았다. 이 독특한 개구리는 이렇게 지구상에서, 과학자들의 기억 속에서 사라지는 듯했다.

그러던 2013년 이 개구리를 되살리려는 과학자가 나타난다. 호주의 고생물학자 마이클 아처Michael Archer 교수다. 멸종 동물 복원 프로젝트인 '래저러스 프로젝트'를 계획한 아처 교수는 친구인 타일러 교수에게 위부화개구리의 세포가 남아 있는지 확인했다. 운 좋게도 냉동고에 수십 년 된 그 개구리의 표본이 보관돼 있었다. 아처 교수는 이 개구리의 세포에서 핵을 채취한 후 친척뻘에 속하는 막대개구리의 난자

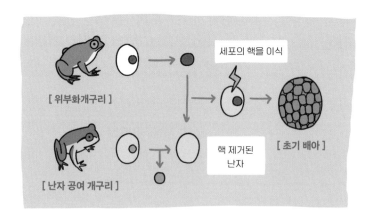

[ 위부화개구리 ]

세포의 핵을 이식

[ 난자 공여 개구리 ]

핵 제거된 난자

[ 초기 배아 ]

에 핵을 이식한 다음(원래 있던 난자의 핵은 제거) 자외선을 쏘여 세포 분열을 유도하는 방법(핵치환 기술)로 복제를 시도했다. 과연 그 결과는 어땠을까?

놀랍게도 핵을 이식한 세포가 수백 개로 분열하면서 초기 배아 단계로 진입하는 데 성공했다. 하지만 아쉽게도 배아 세포는 3일밖에 생존하지 못했다. 그리고 더 이상의 후속 연구는 없었다. 연구가 더 진전됐는지 궁금해서 찾아봤지만 2013년 이후 뉴스는 거의 찾을 수 없었다. 비용 등의 문제로 연구가 중단된 걸까?

혹시나 하는 마음에 연구 책임자였던 아처 교수에게 직접 메일로 연구 현황을 물었고, 뜻밖에 친절한 답변을 받을 수 있었다. 아처 교수는 메일을 통해 래저러스 프로젝트는 중단되지 않았으며 기술을 개선하기 위한 노력을 하고 있다고 전했다. 그리고 현재까지의 연구 결과를 요약한 논문을 준비 중인데, 시간이 좀 걸릴 것 같다는 답변을

들을 수 있었다. 현재 코로나19로 인해 온라인 교육에 꽉 묶여 있는데, 앞으로 몇 개월은 계속 이럴 것 같다는 얘기까지 덧붙였다.

사실 멸종한 동물의 복원은 경제적 가치, 복원된 동물을 위한 서식지 제공, 생태계 교란 등 논란의 여지가 많다. 그래도 마음 한구석에는 위부화개구리가 복원돼 이들이 새끼를 낳는 모습을 한 번 실제로 보고 싶다는 과학 애호가로서의 욕심이 있다.

# 곤충은 왜 이래?

# 지구에 곤충은 왜 이렇게 많을까?

현재까지 밝혀진 곤충은 약 100만 종.
총 개체수만 무려 100경으로 추정된다.
이는 현재 70억 인구의 10억 배에 달하는 수치다.

도대체 이토록 작고 보잘것없는 녀석들의
성공 비결은 무엇일까?

## 왜 익룡만 한 잠자리는 없을까?

곤충학자들은 곤충이 번성하는 원인 중 하나로 '작은 몸집'을 지목한다. 몸집이 작으면 서식지의 폭이 넓어지고, 미세한 생태적 틈새를 차지할 수 있기 때문이다. 예를 들어 식물체 하나에서도 잎에 살고, 꽃에 살고, 뿌리에 사는 식으로 서식지를 나눠 먹기 할 수 있다. 도토리거위벌레가 도토리에 알을 낳고 이 녀석의 유충이 일정 기간 작은 도토리 열매 속에 사는 것처럼 말이다.

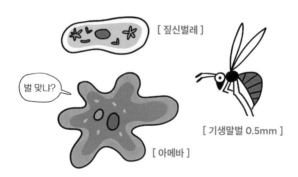

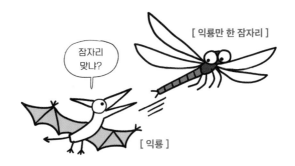

[ 익룡만 한 잠자리 ]

잠자리 맞나?

[ 익룡 ]

또 몸집이 작으면 기생 등의 방법으로 생태 범위를 넓힐 수 있다. 펠리컨의 목 주머니에 사는 새이Bird lice, 포유류의 털이나 콧구멍에 사는 이Lice가 대표적이다. 0.5mm가 채 안 되는 짚신벌레나 아메바만 한 기생말벌은 다른 곤충의 알 속에 자신의 알을 낳아 기생한다. 이렇듯 곤충은 작은 몸집을 십분 활용해 생태적 지위를 넓히며 지구를 차츰 뒤덮기 시작했다.

그런데 여기서 생기는 궁금증 하나! 곤충은 왜 몸집이 작은 걸까? 공룡만 한 장수풍뎅이나 익룡만 한 잠자리는 왜 없을까?

그건 곤충의 호흡 방식과 골격 구조 때문이다. 4억 4,400만 년 전 실루리아기에 절지동물의 조상이 처음 육지로 올라오면서 기관 호흡계를 진화시켰는데, 절지동물에 속하는 곤충 역시 이 호흡계를 그대로 물려받았다. 기관 호흡은 기문으로 들어간 산소 분자가 굵은 기관과 가느다란 기관세지를 따라 세포 구석구석으로 확산되는 방식으로, 이 호흡 방식은 주변의 산소 농도에 매우 의존적이다. 몸 구석구석으로 산소가 전달돼야 물질대사가 활발히 일어나 큰 몸집을 유지

기관 호흡계

$O_2$

기문

곤충은 기관 호흡계로 산소를 전달하는데 이 호흡 방식은 주변 산소 농도에 매우 의존적이다. 따라서 곤충의 몸이 너무 커질 경우 산소를 체내 구석구석으로 전달하기 어렵기 때문에 주변의 산소 농도가 낮으면 곤충은 작은 몸집을 유지한다.

할 수 있는데, 몸이 커지면 부피 대비 표면적이 줄어들어 이 같은 확산 방식으로는 산소를 체내 구석구석으로 전달하기 힘들다. 산소 농도가 크게 증가한 석탄기가 돼서야 거대한 잠자리가 나온 이유다. 주변 산소 농도에 크게 의존하는 곤충의 호흡 방식이 결국 곤충의 몸집을 결정한 셈이다.

곤충의 몸집이 작은 또 다른 이유로 '외골격'을 들 수 있다. 동물의 골격 구조는 크게 외골격과 내골격 2가지로 나뉜다. 사람처럼 뼈 위에 조직이 붙는 건 내골격, 곤충처럼 외부에 구축한 골격 안에 세포와 조직이 형성되는 건 외골격이다. 곤충학자 스콧 쇼Scott Richard Shaw 교수는 곤충의 외골격은 독성이 있는 노폐물을 몸 밖으로 배설하는 과정에서 진화했다고 주장했다. 인간으로 치면 몸 밖으로 나온 땀이 조금씩 굳은 뒤 쌓여 외골격이 형성된 셈이다.

곤충의 외골격은 연약한 피부와 달리 그 자체로 방어가 가능하다. 자외선으로부터 몸을 보호하고 수분 손실을 막아준다. 또 내골격보다 더 많은 근육을 저장해 큰 힘을 낼 수 있다. 곤충이 몸집에 비해 힘이 강한 게 바로 이런 이유다. 물론 단점도 있다. 골격이 몸을 둘러싸고 있어 감각이 둔하다. 때문에 곤충을 포함한 절지동물은 감각모를 발달시켜 이를 보완한다.

외골격 체제는 '성장의 제한'을 가져온다는 특징이 있다. 몸이 커질수록 부피(체중)와 단면적당 근육량의 비율이 줄어들기 때문에 근육이 효율을 내기 어렵다. 따라서 곤충의 관절화된 다리로는 큰 몸을 버텨낼 수 없어 작은 몸집을 지닐 수밖에 없다. 또 외골격을 지닌 절지동물은 탈피를 통해 성장하는데, 이때 천적에 무방비 상태로 노출된다. 그래서 잦은 탈피를 통한 성장은 이들의 생존에 그리 유리하지 않다. 이렇듯 외골격의 특성은 곤충의 성장을 제한했고, 덕분에 곤충은 작은 몸집으로 지구를 차지하게 되었다.

## 탈바꿈과 날개로 지구를 지배하다

곤충이 번성하게 된 두 번째 이유는 '탈바꿈'이다. 쉽게 말해 '변태'다. 곤충의 유충과 성충은 그 모습이 확연히 다른데, 이는 스마트폰의 등장에 버금갈 정도로 놀라운 혁신이다. 같은 종 내에서 유충과 성충이 먹이를 놓고 경쟁하지 않기 때문이다. 나비의 경우 애벌레일 때는 잎사

귀를 먹지만, 성충이 되면 꽃에 담긴 꿀을 노리고 짝짓기에 열중한다. 다시 말해 곤충의 유충은 성장과 섭식 활동을 위주로 한다면 성충은 구애, 짝짓기, 알 낳기에 집중한다. 특히 완전탈바꿈은 페름기 때 진화한 생리학적 적응인데, 현대 곤충 중 4분의 3 이상이 완전탈바꿈을 한다는 건 탈바꿈이 곤충의 번성에 유리한 방법이라는 뜻이다. 이전에는 없었던 탈바꿈 전략은 약육강식이 판치는 지구에서 곤충의 번영을 가져다준 '신의 한 수'였던 셈이다.

끝으로 곤충 번성의 마지막 치트키는 '날개'다. 곤충은 지구상 최초로 날개를 장착한 동물로, 이들의 날개는 무려 3억 5,400만 년 전 석탄기에 처음 나타났다. 그물무늬 날개를 지닌 고망시목 Paleodictyoptera, 잠자리와 비슷하게 생긴 원잠자리목 Meganisoptera, 하루살이의 조상 등 여러 곤충이 처음으로 하늘을 누볐다. 익룡이 등장하기 전까지 무려 1억 5,000만 년 동안 하늘을 나는 동물은 곤충이 유일했다. 그래서 천적으로부터 자유롭고 다양한 지역으로 이동해 새로운 서식지를 개척하는 데 유리했다. 이후 익룡, 조류, 박쥐 등이 나타났지만 이미 번성한 곤충을 몰아내기엔 역부족이었다.

그런데 곤충의 날개는 어떻게 진화했을까? 일부 학자들은 원시 곤충인 잠자리의 유충이 아가미를 지녔다는 사실을 토대로 곤충의 날개가 아가미에서 유래됐다고 주장한다(아가미 가설). 일각에선 가슴

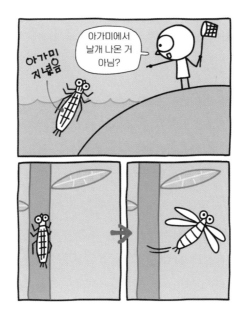

▲ 아가미 가설 : 원시 곤충인 잠자리의 유충이 아가미를 지녔다는 사실을 토대로 곤충의 날개가 아가미에서 유래됐다고 주장하는 가설

▼ 측배판엽 가설 : 곤충이 식물을 오르내릴 때 활공을 하면서 가슴판의 작은 돌기가 날개로 진화했다는 가설

판의 작은 돌기에서 날개가 비롯됐다고 말한다. 식물의 키가 점점 커지는 석탄기에 곤충이 식물을 오르내릴 때 활공을 하면서 돌기가 날개로 진화했다는 가설이다(측배판엽 가설). 하지만 두 가설 모두 논쟁 중에 있다.

사실 곤충의 날개는 서식지 확장에만 유리한 건 아니다. 변온동물인 곤충은 날개를 태양전지판처럼 활용해 체온을 높이는 데 사용한다. 뿐만 아니라 날개의 다채로운 색상과 패턴은 구애와 교미에 중요한 역할을 하며 날개를 활짝 펼치거나 경계색을 띠어 자신을 보호하기도 한다. 잠자리 같은 원시 곤충은 날개에 기공이 있어 이를 호흡 보조용으로 사용한다. 이쯤 되면 곤충의 날개는 정말 치트키가 아닐까?

곤충이 지구에서 번성할 수 있었던 이유는 크게 3가지, 즉 작은 몸집, 탈바꿈(변태), 날개로 요약할 수 있다. 사실 이외에도 곤충에겐 수많은 전략과 무기가 있다. 이런 강점을 이용해 지금 이 글을 보고 있는 순간에도 여러분의 발밑이나 집 안 구석구석에서 곤충은 조용히 번성을 이어나가고 있을 것이다. 동물 최초로 날개를 달고, 탈바꿈이란 혁신을 이뤄낸 곤충이 아직도 별 볼 일 없는 미물로 보이는가?

# 일개미는 왜 여왕개미에게 헌신하며 일만 할까?

개미 같은 사회성 곤충은 진화론을 주장한 다윈에게 큰 고민거리를 안겼다.

여왕을 극진히 보살피고, 여왕이 낳은 알을 탁아실로 옮겨

매일 닦는 일개미들은 정말 헌신의 끝판왕이다.

생명은 철저하게 개체의 '생존과 번식'에
유리한 방향으로 진화한다고 생각한 다윈에게
이런 일개미의 이타적 행동은 너무 기이해보였다.

세상에서
일이 제일 좋아!

도대체 일개미는 왜 일만 하며 사는 걸까?

## 개미의 이타성은 유전자 때문?

개미는 이름 자체에 희생의 의미를 담고 있다. 개미의 한문 표기는 '개미 의蟻'를 쓰는데, 의蟻는 '옳을 의義'에 '벌레 충虫'자가 합쳐진 글자다. 공익을 위해 개인을 희생하는 의로운 벌레란 뜻이 담겨 있다. 생명은 철저하게 개체의 '생존과 번식'에 유리한 방향으로 진화한다고 주장한 다윈은 죽을 때까지 일개미의 이런 이타적 행동을 설명하지 못했다. 하지만 다행스럽게 최근 생명과학 연구들은 개미 같은 사회성 곤충의 이타적 행동에 대한 답을 내놓고 있다.

먼저 여왕개미가 내뿜는 특수한 물질은 일개미들의 생식을 막고 투철한 봉사 정신을 심어준다. 그럼에도 이 설명은 '어떻게'란 질문에

개미의(蟻)
옳을 의(義) + 벌레 충(虫)

대한 대답과 가까울 뿐 일개미가 '왜' 일만 하는지에 대한 근본적인 대답과는 조금 거리가 있다.

다윈의 질문에 대한 답은 놀랍게도 '유전자'에 있다. 일개미의 이타성과 유전자가 뭔 상관이냐고? 1960년대 생물학자 윌리엄 해밀턴 William Donald Bill Hamilton의 주장을 들으면 고개를 끄덕일 것이다. 그의 주장은 매우 획기적이고 논리적이다. 해밀턴은 자연선택이 개체가 아니라 유전자 수준에서 일어난다고 주장했다.

조금 과장 섞인 예를 들면, 갈기가 풍성한 '수사자'가 자연선택되는 게 아니라 수사자의 갈기를 풍성하게 만드는 '유전자'가 자연에서 살아남는다는 가설이다. 또 다른 예로 고위도에선 옅은 색 피부를 지닌 '사람'이 살아남는 게 아니라 피부를 옅게 만드는 '유전자'가 살아남는다는 개념이다.

즉 자연에서 살아남는 건 개체가 아니라 유전자라는 것! 결국 생명의 주체는 개체가 아니라 개체 안의 유전자고, 개체는 유전자를 운반하는 기계에 불과하다는 의견이다. 리처드 도킨스Richard Dawkins의 《이기적 유전자》에는 이런 주장을 잘 정리되어 있다.


## 일개미의 이타적 행동에는 이기심이 숨어 있다


생명에 대한 관점을 개체에서 유전자로 전환하면 인간의 이타성을 새로운 방식으로 설명할 수 있다. 만약 내가 결혼해서 자식을 낳는다면 나는 자식에게 정확히 유전자의 절반을 물려주기 때문에 나와 자식은 50%의 유전적 근친도를 갖는다. 만약 조카가 있다면 나와 조카의 유전적 근친도는 25%다. 왜냐하면 나와 형제의 유전적 근친도가 50%이고, 형제와 그 자식의 유전적 근친도가 50%이기 때문에 나와 조카의 유전적 근친도는 25%가 되는 셈이다. 따라서 조카보다 내 자식에게 정성을 쏟는 편이 내 유전자의 번식 측면에서 유리하다고 볼 수 있다.

이런 유전자적 관점에서 일개미를 보면 비로소 여왕을 향한 그들의 헌신적인 행동을 이해할 수 있다. 개미는 사람과 달리 부모로부터 각각 50%씩 유전자를 받지 않는다. 이들은 '반수이배체'라는 독특한 성결정 시스템을 갖고 있다. 암개미의 염색체가 2n인 데 반해 수개미의 염색체는 n이다. 그래서 수개미는 암개미와 달리 무정란에서 태어난다. 왜냐하면 여왕개미는 2n의 염색체를 지녔기 때문에 감수

개미는 사람과 달리 암컷은 2n의 염색체를, 수컷은 n의 염색체를 지니고 있다. 따라서 수개미는 여왕개미(암개미)의 수정되지 않은 무정란에서 태어난다.

분열을 통해 2n이 n이 된다. 따라서 염색체가 n인 수개미를 낳을 수 있다.

반면 암개미인 일개미는 수개미의 정자(n)와 여왕개미의 난자(n)가 결합된 유정란에서 태어난다. 다시 말해 일개미는 엄마(여왕개미)로부터 유전자의 50%인 n을 받고 아빠(수개미)로부터 유전자의 100%인 n을 받는다. 그래서 일개미 사이에서 아빠가 같다면 자매의 유전적 근친도는 75%가 된다. 인간은 자매끼리 평균 50%의 유전적 근친도가 있지만, 개미 사회는 그렇지 않다.

후세에 보다 많은 유전자를 남기기 위해 경쟁하는 것이 진화의 전략이라면 일개미는 자신이 직접 새끼를 낳기보다 여왕개미를 잘 보필해 자신의 자매를 생산하는 편이 유전자 번식 측면에서 훨씬 유리하다. 자신이 낳을 경우 유전자를 절반(50%)만 전달하는데 자매는

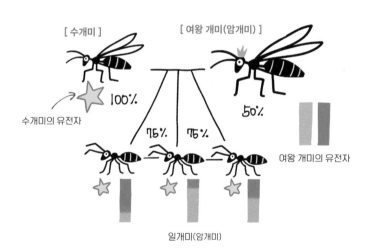

일개미(암개미)

75%의 유전적 연관성을 갖기 때문이다. 이처럼 개체가 아닌 유전자의 최대 번식이란 관점에서 보면 여왕개미를 보필하는 일개미의 행동을 이해할 수 있다.

이와 같은 유전자 중심의 생명관에 대한 재미있는 일화가 있다. 누군가 영국의 생물학자 존 버든 샌더슨 홀데인John Burdon Sanderson Haldane에게 이렇게 물었다.

"남을 위해 자신의 목숨을 버릴 수 있나요?"

"네? 내가 왜요? 근데 만약에 형제 둘이나 사촌 여덟 명의 목숨을 구할 수 있다면 내 목숨을 기꺼이 버릴 수 있을지도 모르겠네요."

홀데인 박사의 대답에는 유전자 중심의 생명관이 잘 반영돼 있다. 형제 1명과 자신의 유전적 근친도는 50%다. 형제 2명을 구하면 도합 100%가 되어 자신의 목숨과 바꿀 수 있다는 말이다.

사촌 8명도 유전적 근친도로 설명할 수 있다. 나와 엄마의 유전적 근친도는 50%(0.5), 그리고 엄마와 이모의 근친도는 50%(0.5), 또 이모와 그 자식의 유전적 근친도는 50%(0.5)다. 이 셋을 곱하면 나와 사촌(이모의 아들)의 유전적 근친도는 12.5%다. 따라서 사촌 8명은 12.5 곱하기 8이니까 100이다. 결국 나와 사촌 8명의 유전적 근친도는 100%다. 이를 토대로 홀데인은 사촌 8명의 목숨을 구할 수 있다면 기꺼이 자신을 희생하겠다고 말한 것이다.

물론 늘 그렇듯 개미 사회에도 예외는 있다. 여왕의 특수 화학물

사회성 곤충인 흰개미는 반수이배체가 아님에도 불구하고 흰개미 여왕 중심의 사회를 이루고 산다. 이렇듯 자연계에는 늘 예외가 있다.

질과 멀리 떨어진 곳에선 일개미가 알을 낳기도 한다. 이런 알 대부분은 미수정란이라 수개미로 태어난다. 다만 아주 드물게 일개미가 낳은 알에서 암개미, 즉 또 다른 일개미가 태어나기도 한다. 또 흰개미(개미보다 바퀴벌레에 가까움)는 반수이배체가 아니라 인간처럼 XX, XY의 성염색체를 가졌음에도 흰개미 여왕을 받들고 사회를 이루며 산다. 하지만 대체로 개미나 벌 같은 사회성 곤충의 이타성은 유전적 연관도로 설명이 가능하다.

여러분은 여왕을 위해 봉사하는 일개미가 불쌍하다고 생각했는가? 그건 어쩌면 지극히 우리 인간의 관점일지도 모른다. 유전자의 관점에서 보면 그들은 여왕을 위해 희생하는 게 아니라 여왕이 계속 알을 낳게 하여 자신의 유전자를 퍼뜨리려는 무척 이기적인 행동을

하고 있는 것이다. 이런 사실을 알면 이따금 발밑을 기어 다니는 개미가 조금은 다르게 보이지 않을까?

# 반딧불이는 왜 빛날까?

반딧불이 수컷들은 하늘을 날아다니며 암컷들이
볼 수 있도록 최대한 밝고 아름다운 빛을 낸다. 사람들 눈엔
별빛 축제지만 반딧불이 수컷들에겐 처절한 구애 행동이다.

누가 더 밝은 빛을
내는지 지켜 볼까?

나 좀
봐요~

나 좀
봐요!

다행히 반딧불이 종마다 번식기가 다르고
빛을 깜박이는 정도도 달라 다른 종과 하룻밤을 보내는
불상사는 일어나지 않는다.

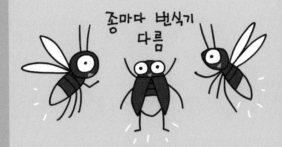

반딧불이는 성충뿐 아니라 알, 애벌레,
번데기도 빛을 낸다. 이는 반딧불이의 빛이 단순히
구애 행동만을 위해 진화한 게 아니란 걸 의미한다.
이들이 빛을 내는 또 다른 이유는 무엇일까?

## 반딧불이의 빛은 천적을 향한 경고등

반딧불이 성충의 수명은 고작 2주에 불과하다. 그래서 미친 듯이 빛을 내지 않으면 번식에 실패한다. 암컷은 수컷의 불빛 신호를 보고 어느 수컷이 가장 질 높은 영양분을 가졌는지 판단한다. 수컷이 내는 빛의 밝기가 곧 건강을 상징하기 때문이다. 암컷은 건강한 알을 낳기 위해 풀숲에서 수컷이 내는 빛을 보고 있다가 힘 좀 쓰겠다 싶은 수컷이 나타나면 마찬가지로 짧게 빛을 내어 사랑의 답신을 보낸 후 오붓한 하룻밤을 보낸다.

여기서 의문이 든다. 반딧불이의 빛이 짝짓기를 위한 용도라면 굳이 성충이 되기 전에는 빛을 낼 필요가 없지 않을까? 그런데 알과 애벌레, 심지어 번데기 시절에도 빛을 내는 이유는 뭘까? 그 답은 '경고'에 있다.

알, 애벌레, 번데기일 때 빛을 내면 천적의 눈에 잘 띄어 위험할 것 같지만 오히려 그 반대다. 이들은 '루시부파긴Lucibufagin'이란 독성물질을 갖고 있어 자신의 방어 무기로 활용한다. 독성이 얼마나 강력

한지 비어디드래곤 같은 작은 도마뱀은 반딧불이 한 마리(포티누스속)만 먹어도 죽을 수 있다. 야생의 천적들은 반딧불이가 이런 강력한 무기를 지녔다는 걸 경험을 통해 알고 있어 알아서 식단(?)에서 제외한다. 즉 이들이 내는 빛은 천적에겐 경고등인 셈이다.

반딧불이 성충이 내는 빛 또한 독소를 지니고 있다. 사실 반딧불이 성충처럼 밤에 빛을 내며 날아다니는 건 자살행위나 다름없다. 하지만 이들이 천적으로부터 안전한 이유는 몸에 지닌 독성 물질 덕분이다. 믿는 구석이 있어서일까? 반딧불이가 날아다니는 속도는 손으로 잡을 수 있을 만큼 느리다.

2018년 미국 보이시주립대의 제시 바버Jesse Barber 교수가 이끄는 연구팀은 재미있는 실험을 했다. 반딧불이가 서식하지 않는 지역에서 박쥐를 잡아와 반딧불이에 어떻게 반응하는지 관찰했다. 반딧불이와 일면식도 없는 박쥐는 반딧불이를 거침없이 사냥했다. 반딧불이의 독소에 대한 학습이 안 돼 있기 때문이다. 하지만 박쥐는 반딧불이를 먹자마자 독성을 알아채고 곧바로 뱉어버렸다. 이후 박쥐는 반딧불이의 빛이 보이면 그냥 지나쳤다. 경험을 통해 반딧불이가 내는 빛이 경고등임을 학습한 것이다. 학습이 끝난 박쥐에게 나방을 주면 곧잘 받아먹지만 반딧불이를 주면 절대 먹지 않는다. 그런데 반딧불이 꽁무니에 페인트를 칠해 빛이 새어 나오지 않게 가린 후 실험을 하면 어떻게 될까? 재밌게도 박쥐는 학습한 내용을 잊어버리고 다시 반딧불이를 사냥한다. 이는 반딧불이 빛의 재발견 아닌가?

반딧불이는 경고등으로 천적을 피하지만 본인 자체가 누군가의 천적이기도 하다. 이는 반딧불이 애벌레를 두고 하는 말이다. 반딧불이 애벌레는 이슬만 먹고 사는 성충과 달리 육식성이라 다슬기, 달팽이 등을 잡아먹는다. 애벌레가 날카로운 턱으로 달팽이를 문 다음 독침을 꽂으면 달팽이의 몸이 조금씩 녹는다. 이때를 놓치지 않고 애벌레는 독침을 빨대처럼 사용해 달팽이 체액을 빨아먹는다.

**달팽이를 잡아먹는 반딧불이 애벌레**

## 다른 종을 잡아먹는 반딧불이계의 팜므파탈

반딧불이라고 해서 모두 독성 물질을 지니고 있는 건 아니다. 북미에 서식하는 포투리스속에 속한 반딧불이는 빛은 내지만 루시부파긴 대사 유전자에 결함이 생겨 독소를 만들지 못한다. 이런 진화적 결함은 1997년 생물학자 토머스 아이스너Thomas Eisner 박사가 알아냈다. 그는 뒤이어 한 가지 더 놀라운 현상을 관찰했다. 포투리스 반딧불이 암컷이 독소를 지닌 다른 반딧불이 수컷을 유혹해 잡아먹은 뒤 체내에 독소를 저장한다는 사실이다. 도대체 이 녀석은 어떻게 다른 종의 수컷을 유혹하는 걸까?

포티누스 반딧불이 수컷이 짝짓기를 위해 빛을 내면 포투리스 암컷은 포티누스 암컷의 빛을 똑같이 흉내 낸다. 이 화답에 깜박 속은 포티누스 수컷은 포투리스 암컷에게 날아오고, 포투리스 암컷은 이 기회를 놓치지 않고 포티누스 수컷을 잡아먹는다. 이런 행동 때문에

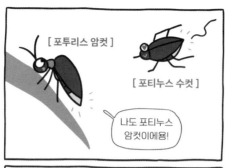

▲ 포투리스 반딧불이 암컷은 포티누스 암컷인 척 연기하면서 포티누스 수컷을 유혹해 잡아먹는다.

▼ 포티누스 수컷을 잡아먹어 독소를 축적한 암컷이 낳은 알에는 독소가 있어 천적으로부터 보호된다.


포투리스 암컷은 '팜므파탈 반딧불이'란 별명을 얻었다.

이렇게 수컷 반딧불이를 잡아먹은 포투리스 암컷의 체내엔 루시부파긴 독소가 쌓인다. 아이스너 박사의 실험 결과에서도 이 사실을 확인할 수 있다. 일반적인 포투리스 암컷의 체내엔 독소가 거의 없지만 포티누스 수컷을 잡아먹은 암컷의 경우 체내 독소의 양이 껑충 뛰어올랐다. 독소를 축적한 포투리스 암컷이 알을 낳으면 그 알에는 어미의 루시부파긴 독소가 전해진다. 그래서 천적으로부터 안전을 도모할 수 있다. 물론 성충이 되면서 점점 독소를 잃지만 어린 시절만큼은 안전하게 지낼 수 있다. 반딧불이의 빛, 그 반짝임엔 생존과 번식을 향한 처절한 몸부림이 담겨 있다. 그래서 더 아름답게 느껴지는 건 아닐까?

# 체체파리는 알이 아니라 애벌레를 낳는다고?

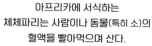
아프리카에 서식하는
체체파리는 사람이나 동물(특히 소)의
혈액을 빨아먹으며 산다.

■체체파리
  서식

아~
왜 이렇게
졸리지?

특히 체체파리는
'트리파노소마'란 기생충을 옮기는
녀석으로 유명하다.
사람이 이 기생충에 감염된
체체파리에게 물리면 '수면병'에
걸리는데 증상으로 발작,
기면 상태를 보인다. 심할 경우
사망에 이르기도 한다.

소 같은 가축도 이 병에서 예외가 아니다. 이런 이유로
아프리카에는 체체파리 때문에 골머리를 앓는
농가들이 많다. 그런데 체체파리에겐 아주 놀라운 사실이
숨어 있다. 바로 알을 낳지 않는다는 것이다.
그렇다면 도대체 체체파리는 어떻게 번식을 할까?

내 꺼
아닌데?

## 체체파리는 어떻게 애벌레를 낳을까?

아래 사진을 보자. 체체파리 암컷의 몸에서 나오는 건 알이 아닌 애벌레다. 한 번에 딱 한 마리만 낳는데, 평생 동안 낳는 애벌레 수는 고작 8~10마리에 불과하다. 더 놀라운 건 짝짓기도 평생 딱 한 번만 한다는 사실이다. 짝짓기 때 수컷으로부터 받은 정자를 보관했다가 필요할 때 수정하는 방식이다. 한 번에 100~200개의 알을 낳는 초파리와 비교하면 180도 다른 번식 방법이다.

사실 이상한 건 체체파리다. 대부분의 곤충은 한 번에 많은 알을

**애벌레를 낳고 있는 체체파리**

낳아 번식 성공률을 높이기 때문이다. 이렇게 난태생(수정한 알이 모체 안에서 부화해 나오는 것)으로 번식하는 곤충은 사슴파리Lipoptena Cervi, 양파리Melophagus Ovinus, 거미파리과Nycteribiidae 정도만 있을 뿐 자연계에선 매우 드물다.

캘리포니아대 제프리 아타르도Geoffrey Attardo 교수는 체체파리의 이런 독특한 번식 전략은 진화상의 이점이 있다고 주장했다. 알보다 유충으로 태어나는 편이 포식자나 기생생물의 공격으로부터 더 안전하다는 설명이다. 이렇게 귀하게(?) 세상에 나온 체체파리 애벌레는 태어나자마자 안전을 위해 땅속으로 들어가 그곳에서 번데기가 된 후 성충으로 자란다. 그런데 체체파리 암컷은 어떻게 몸 안에서 이렇게 거대한 애벌레를 기를 수 있을까?

놀랍게도 이들은 포유류처럼 젖을 먹여 애벌레를 기른다. 난소에 수백 개의 알을 저장하는 모기와 달리 체체파리는 자궁에서 애벌레를 기른다. 자궁 안에 자리한 애벌레는 젖샘Milk Gland에 둘러싸여 있으며 이곳에서 단백질과 지방으로 이루어진 젖을 공급받는다. 색깔마저 모유와 비슷하다. 체체파리 암컷은 몸 안에서 애벌레를 10일 동안 키우는데, 이 기간에 영양가 있는 젖을 만들기 위해 엄청난 양의 동물 피를 빨아댄다. 배가 동물의 혈액으로 빵빵해질 때까지 말이다. 심지어 흡혈한 혈액을 농축하기 위해 흡혈한 혈액에서 수분만 따로 몸 밖으로 배출하기도 한다.

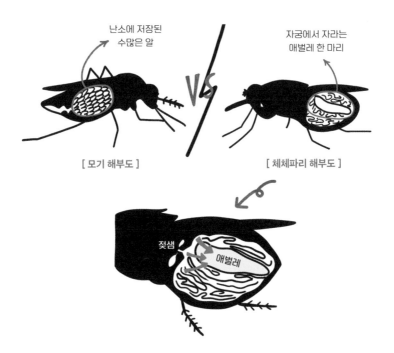

난소에 저장된
수많은 알

자궁에서 자라는
애벌레 한 마리

VS

[ 모기 해부도 ]

[ 체체파리 해부도 ]

젖샘

애벌레

체체파리 암컷이 흡혈한 혈액을 농축하기 위해 흡혈한 혈액 중 수분만
따로 몸 밖으로 배출하고 있다.

체체파리는 알이 아니라 애벌레를 낳는다고?

## 체체파리의 개체수를 줄이는 두 가지 방법

체체파리의 번식에 관한 자료를 조사하다 문득 이런 생각이 들었다. "도대체 이런 걸 연구해서 어디에 써먹을 수 있을까?"

아타르도 교수는 체체파리의 번식 방법을 연구하면 아프리카 농장의 골칫거리인 체체파리의 개체수를 줄일 방법을 찾을 수 있다고 말한다. 그리고 그가 제안한 첫 번째 방법은 세균을 이용하는 것이다. 놀랍게도 아타르도 교수는 체체파리의 젖샘이 체내 공생 세균인 '위글스워디아 글로시니디아Wigglesworthia Glossinidia'란 세균에 의해 만들어진다는 사실을 발견했다. 뿐만 아니라 항생제로 이 세균을 죽이면 젖샘이 제대로 형성되지 않는다는 것을 확인했다. 공생 세균을 제거하면 체체파리 암컷은 체내에서 합성된 단백질과 지방을 젖샘이 아니라 자신의 체중을 불리는 데만 사용하게 된다. 즉 위글스워디아 글로시니디아 세균을 잃은 암컷은 뚱뚱해지기만 할 뿐 젖샘을 만들지 못한다. 그러면 당연히 애벌레도 낳지 못한다. 아타르도 교수는 항생제를 소에게 먹이면 체체파리가 소를 흡혈하는 과정에서 항생제를 먹게 되므로 체체파리의 개체수를 줄일 수 있다고 주장했다. 다만 이 방법은 항생제 오남용으로 인한 내성 문제가 발생할 수 있어 다각도로 신중히 검토할 필요가 있다.

개체수를 억제하는 두 번째 방법은 체체파리의 짝짓기 특징에서 찾을 수 있다. 체체파리가 평생 짝짓기를 딱 한 번만 한다는 말을 기억하는가? 아타르도 교수는 2016년 진행한 연구에서 그 이유를 알아

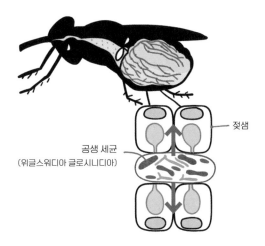

체체파리의 젖샘은 공생 세균에 의해 만들어진다. 따라서 항생제로 이 세균을 죽이면 체체파리
는 젖샘을 만들지 못해 번식하지 못한다. 이를 통해 개체수를 줄일 수 있다.

냈다. 바로 짝짓기 과정에서 수컷이 암컷의 몸에 정액과 함께 주입한 특정 단백질SFPs(정액 단백질)이 원인이었다. 이 단백질이 암컷이 다른 수컷과 짝짓기를 못하도록 배란과 생식 활동을 조절했던 것이다. 따라서 이 단백질을 정확히 분석하고 대량생산해 체체파리의 서식지에 살포하면 체체파리의 개체수를 줄일 수 있다는 얘기다. 물론 아직 아이디어 수준이다. 앞으로 더 많은 연구가 필요하다. 알이 아닌 애벌레를 낳는 체체파리의 생태도 놀랍지만, 이렇게 작디작은 파리의 젖샘 발달 과정까지 연구해 인류의 건강 증진에 활용하려는 한 과학자의 집념 역시 그에 못지않다.

# 바퀴벌레마저 좀비로
# 만들어버리는 기생말벌?

기생말벌은 종류나 기생방식이 무척 다양하다.

거미에 알을 낳아 기생하는 말벌이 있는가 하면
식물인 무화과 안에 기생하는 녀석도 있다.

그리고 여기, 우리가 그토록 싫어하는
바퀴벌레를 좀비로 만들어버리는 기생말벌도 있다.

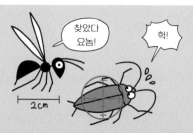

## 기생말벌은 어떻게 바퀴벌레를 좀비로 만들까?

'암풀렉스 콤프레사Ampulex Compressa'란 이름의 기생말벌은 보석처럼 빛나는 몸 빛깔 때문에 '보석말벌'이라고도 불린다. 몸길이가 2cm 정도로 매우 작지만, 이들의 주요 타깃은 자신보다 2배나 큰 대형 바퀴벌레다. 짝짓기를 마친 기생말벌 암컷은 바퀴벌레를 찾아 나선다. 그러다 바퀴벌레를 발견하면 좀비로 만들기 위해 신경독을 주입할 곳을 찾는다. 마침내 기생말벌의 첫 번째 독침이 바퀴벌레의 가슴팍에 꽂

히는 순간 비극이 시작된다.

먼저 기생말벌의 독침에 포함된 감마-아미노부티르산y-aminobutyr-ic acid, GABA이 바퀴벌레의 다리를 일시적으로 마비시킨다. 기생말벌은 이 틈을 놓치지 않고 두 번째 독침을 쏜다. 이 일격은 바퀴벌레의 목을 관통해 뇌 신경절을 정확히 찌르는데, 이 과정에서 기생말벌은 꽤 신중해진다. 기생말벌의 생태를 연구하는 이스라엘 벤구리온대의 램 갈Ram gal 박사는 기생말벌에게 뇌를 제거한 바퀴벌레를 주면 10분간 독침을 쏘지 않고 한참 관찰한다는 사실을 알아냈다. 그리고 침을 쏘더라도 독의 양을 평소의 6분의 1만 주입하는 모습을 목격했다. 살짝 간만 보는 느낌이다. 그만큼 신중을 기한다고 해석할 수 있다.

다시 본론으로 돌아와, 기생말벌에게 뇌를 저격당한 바퀴벌레는 30분 동안 자신의 몸을 미친 듯이 닦는 이상 행동을 한다. 바퀴벌레의 목욕재계(?) 덕분에 기생말벌은 깨끗해진 바퀴벌레의 몸에 알을 낳을 수 있다. 몸 청소를 끝낸 바퀴벌레는 움직임이 둔해져 달아날 기미조

　　　　　　　　　　　　CHAPTER 4 | 곤충은 왜 이래?

차 보이지 않는다. 기생말벌은 여기서 그치지 않고 바퀴벌레의 감각을 완전히 차단하기 위해 더듬이마저 자른다. 그리고 그 안에서 흘러나오는 체액까지 쪽쪽~ 빨아먹으며 영양을 보충한다. 진짜 인정사정없지 않은가.

더듬이가 잘린 바퀴벌레는 자신이 도살장으로 가는 줄도 모른 채 기생말벌이 이끄는 대로 순종하며 질질 끌려간다. 사전에 파놓은 굴에 도착한 기생말벌은 바퀴벌레의 다리 끝에 알을 낳은 후 낙엽과 자갈 등으로 굴 입구를 막는다. 좀비 바퀴벌레를 탐내는 포식자들의 접근을 막기 위해서다. 이틀 정도 지나면 알에서 기생말벌 애벌레가 깨어나고, 애벌레는 살아있는 바퀴벌레를 게걸스럽게 먹어 치우며 성장한다.

## 기생말벌의 애벌레는 어떻게 세균으로부터 안전할까?

그런데 여기서 한 가지 의문이 든다. 바퀴벌레는 엄청난 세균을 보유한 곤충으로 유명한데, 기생말벌의 애벌레는 어떻게 세균에 감염되지 않고 바퀴벌레의 몸에서 무럭무럭 자랄 수 있을까? 2012년 레겐스부르크대 동물학과의 구드런Gudrun Herznera 박사는 기생말벌의 애벌레가 바퀴벌레의 몸을 갉아 먹으며 타액을 분비한다는 사실을 발견했다. 이 타액에 든 γ-락톤과 아이소쿠마린 같은 항생물질이 세균으로부터 애벌레를 보호한다. 이렇게 깨끗한 환경에서 40일 동안 자란 애벌레는 고치를 틀고 번데기를 거쳐 성충이 된다. 이후 바퀴벌레의 몸을 뚫고 나와 세상을 맞이한다.

그러나 바퀴벌레는 기생말벌에게 속수무책으로 당하지 않는다. 나름 가공할 무기가 있으니⋯ 그건 바로 '뒷발차기'다. 2018년 밴더빌

트대의 케네스 카타니아<sub>Kenneth C. Catania</sub> 박사는 기생말벌이 바퀴벌레에게 접근하는 순간 바퀴벌레가 멋진 뒷발차기로 응수한다는 사실을 밝혀냈다. 기생말벌을 쫓아내기 위해 안간힘을 쓰는 셈이다. 특히 다리에 돋아난 날카로운 가시들은 기생말벌에게 치명상을 입힐 수 있다. 실험에선 무려 63%의 바퀴벌레가 뒷발차기로 기생말벌로부터 목숨을 건졌다. 다만 이는 성인 바퀴벌레에 국한한 결과다. 어린 바퀴벌레는 훈련이 부족한지 대부분 뒷발차기를 명중시키지 못하고 기생말벌에게 뇌를 점령당했다.

죽이려는 자와 도망치려는 자의 한판 승부! 자연계는 역시 다이내믹한 이야기로 넘쳐난다.

# 초파리를 조종하는
# 끔찍한 곰팡이 이야기

자연에는 숙주의 행동을 조종하는 기생생물이 정말 많다.

그런데 곰팡이마저 숙주를 조종하고 번식을 위해
교묘한 책략을 펼친다면 어떨까?

여기 그 주인공이 있다. 곤충곰팡이목에 속하는
엔토모프토라 무스카에(Entomophthora Muscae)로,
일명 '파리곰팡이'다. 주로 집파리나 초파리에
기생해 감염을 일으키는데, 숙주를 조종하는 능력이
꽤 잔혹하다. 대체 어떻게 조정할까?

## 파리곰팡이가 초파리를 감염시키는 끔찍한 방법

2017년 하버드대의 캐롤린 엘리야Carolyn Elya 연구원은 초파리의 배에 파리곰팡이를 감염시킨 후 초파리의 행동 변화를 관찰했다. 파리곰팡이에 감염된 초파리는 24시간 동안 별다른 증세를 보이지 않았다. 그런데 48시간이 지나면서 파리곰팡이가 초파리의 신경계로 침투하기

파리곰팡이에 감염된 초파리는 일정 시간이 지나면 주둥이가 길어져 주변 벽에 찰싹 달라 붙어 몸을 고정시키는 이상 행동을 보인다.

시작했다. 이후 72시간이 지나자 파리곰팡이가 초파리의 지방을 먹어 치우며 배 부위에 엄청나게 증식했다.

진짜는 이다음부터다. 감염 후 96시간이 지나자 초파리의 배는 파리 곰팡이에 감염돼 하얗게 변했다. 특히 뇌마저 파리곰팡이에게 정복 당해 이상 행동을 하기 시작했다. 먼저 초파리는 높은 곳을 찾아 올랐 다. 그때부터 주둥이가 점차 길어지더니 입 주변에서 끈적끈적한 액 체를 내뿜어 몸뚱이를 고정했다. 주둥이가 한번 고정되면 초파리는 옴짝달싹 못 한다는 사실이 관찰됐다.

엘리야 연구원은 이 액체에도 파리곰팡이가 분비한 물질이 포함 됐을 가능성이 높다고 주장했다. 이렇게 몸뚱이가 고정되면 초파리 는 날개를 천천히 천천히 10분 동안 위로 들어 올린다. 그리고 날개가 활짝 들리면 초파리는 그대로 죽음을 맞이한다. 이 역시 파리곰팡이 의 빅픽처(큰 그림)다. 파리곰팡이는 왜 초파리가 날개를 활짝 들어 올 리도록 만든 걸까?

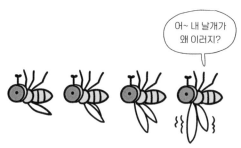

초파리는 몸이 고정된 후 점차 날개를 들어올린다.

## 파리곰팡이가 초파리의 행동을 조종한 이유

파리곰팡이가 초파리의 날개를 들어올리게 만든 이유는 바로 수월한 번식을 위해서다. 초파리가 죽으면 파리곰팡이가 배를 뚫고 천천히 흘러나온다. 이 곰팡이는 수많은 돌기로 이뤄져 있는데, 초파리의 배를 뚫고 나오면서 종 모양의 수많은 포자(분생자)를 톡톡 터트리며 발사한다. 마치 폭탄처럼 파리곰팡이 포자들이 빵! 하고 터지면 초파리는 참담한 죽음을 맞는다.

만약 초파리가 날개를 들어 올리지 않았다면 포자가 날아가는 데 방해가 됐을 것이다. 초파리를 높은 곳에 올라가게 한 이유도 결국 포자를 멀리 보내기 위해서다. 멀리 퍼진 포자는 또 다른 초파리를 감염시켜 삶을 이어나간다.

재미있는 사실은 파리곰팡이에 감염된 초파리는 꼭 해질녘에 높

파리곰팡이가 숙주인 초파리의 배에서 증식한 후(왼쪽)에는 폭탄처럼 터지면서(오른쪽) 먼 곳까지 파리곰팡이 포자를 날려 보낸다.

은 곳으로 올라가 죽는다는 것이다. 이는 파리곰팡이가 낮은 온도를 더 좋아하기 때문이다. 결과적으로 파리곰팡이에 감염된 초파리가 해가 진 후 높은 곳으로 올라가서 날개를 들어 올리는 일련의 행동은 모두 파리곰팡이의 포자를 더 멀리 퍼트리기 위함이다. 이 상황을 모두 관찰한 엘리야 연구원은 이를 두고 '미친 시스템'이라고 표현했다.

또한 캘리포니아대의 브래들리 뮬렌Bradley A. Mullens 박사는 파리곰팡이에 감염된 채 죽은 암컷과 짝짓기 하는 수컷 초파리를 관찰하면서 또 한 가지 놀라운 사실을 발견했다. 뮬렌 박사는 "수컷 초파리는 배가 뚱뚱한 암컷을 더 매력적으로 느끼는 것 같다"고 주장했다. 이 주장이 맞다면 파리곰팡이에 감염된 암컷의 신체 특징이 수컷을 유혹하고, 감염된 암컷과 짝짓기를 마친 수컷은 다시 숙주가 되어 사방팔방 파리곰팡이를 뿌리고 다니는 셈이다. 번식만 좇는 파리곰팡이에겐 손 안 대고 코 푼 격이다.

다행히 이 곰팡이는 사람에게 감염되지 않는다. 그래서 뮬렌 박

사는 파리곰팡이를 가정집의 골칫거리인 초파리의 번식을 막는 용도로 사용하기 위해 연구했다. 하지만 아쉽게도 파리곰팡이 포자의 수명이 매우 짧고 실험실에서 잘 자라지 않아 초파리 살충제로 사용할 수 없었다. 다만 이 곰팡이에 감염돼 죽은 초파리 사체를 방이나 농장에 두면 다른 초파리들의 번식을 막을 수 있다고 밝혔다. 물론 파리곰팡이가 의식을 갖고 초파리의 행동을 조종하는 건 아니다. 자연선택의 결과로 초파리를 조종할 수 있는 파리곰팡이가 더 잘 번식해 살아남은 것뿐이다. 이게 바로 자연선택이 가진 놀라운 힘이다.

# 똥으로 자신을 방어하는 놀라운 곤충들

이건 지푸라기처럼 보이지만….

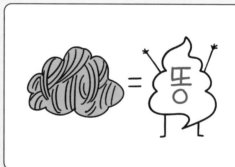

사실 모두 똥이다.

내 똥이 뭐 어때서!

곤충의 방어 전략 중엔 'Fecal Shield'라는 일명 '똥(배설물) 방어'가 있다. 앞서 나온 지푸라기 똥처럼 말이다. 곤충은 어떻게 똥으로 몸을 방어할까?

## 똥벙커를 만드는 애벌레

사진 속 지푸라기가 보이는가? 이것은 사실 똥가닥(?)이다. 이 안에는 플로리다거북딱정벌레의 유충이 살고 있다. 다리에 빨판이 달린 플로리다거북딱정벌레 성충은 거북의 등갑처럼 생겼다. 이 벌레의 유충은 수많은 곤충 중 '똥'이란 강력한 수단으로 자신을 보호하는 몇 안 되

플로리다거북딱정벌레의 유충이 만든 똥가닥. 똥가닥 아래쪽에 유충의 발이 살짝 보인다. 이 딱정벌레 유충은 자신의 몸을 지키기 위해 성충이 될 때까지 똥가닥 속에서 생활한다.

는 종이다.

　유충은 알에서 깨어나자마자 야자잎을 갉아 먹고 40분 정도 지나면 항문에서 지푸라기 같은 똥가닥을 뽑아낸다. 쉬지 않고 엉덩이를 이리저리 돌려가며 계속 뽑아내 12시간이 지나면 꽤 그럴싸한 ‘똥벙커’가 완성된다. 실타래처럼 쭉 뽑아내는 게 아니라 일정 길이로 뽑아낸 똥가닥을 항문돌기에 계속 붙이는 방식이다. 그리고 유충은 똥벙커 안에서 탈피를 하며 성장한다. 자라는 동안에도 계속 똥가닥을 뽑아내기 때문에 똥벙커도 함께 커진다. 유충의 항문돌기를 보면 1령, 2령, 3령, 4령 애벌레가 탈피를 거치는 중에도 먼저 탈피된 항문돌기가 떨어져 나가지 않고 붙어 있는 것을 볼 수 있다. 덕분에 기존 똥벙커가 무너지지 않고 계속 커진다. 한 가지 더 놀라운 사실이 있다. 2000년 동물학자인 토머스 아이스너Thomas Eisner 박사의 연구에 따르면 유충은 똥벙커의 일부가 망가지면 하루가 지나지 않아 얼른 똥가닥을 뽑아 똥벙커를 보수한다고 한다.

　유충이 똥벙커를 애지중지하는 이유는 역시 ‘보호’ 때문이다. 토머스 아이스너 박사는 이를 증명하기 위해 육식성 노린재와 무당벌레로 실험을 했다. 실험에서 유충이 똥벙커 안에 있을 때는 녀석들이 접근조차 하지 않았다. 반면 똥벙커를 제거한 유충을 들이밀자 얼씨구나 하고 잡아먹었다. 이를 통해 아이스너 박사는 똥벙커가 물리적 방어 기능을 하지만 포식자가 싫어하는 화학물질을 포함했을 가능성도 있다고 밝혔다. 하지만 자연에서 영원한 강자는 없는 법! 칼레이다 비리디펜니스라는 딱정벌레 앞에서는 똥벙커도 무용지물이다. 관찰

먹이 앞에서
똥쯤이야….

[ 킬레이다 비리디펜디스 ]

결과 이 딱정벌레는 강력한 똥벙커를 비집고 들어가 안에 있는 유충을 뚝딱 먹어치우고 항문돌기만 남겨 놓는다. 녀석도 항문까지는 먹기 싫었나 보다.


## 똥을 등에 짊어지고, 몸에 묻히고 다니는 애벌레

똥을 보호 수단으로 삼는 곤충은 또 있다. 두 번째 '똥실드'의 주인공은 바로 잎벌레과에 속하는 애벌레다. 녀석은 등에 똥을 짊어지고 다니는데, '항문 포크'라는 등 부위에 똥을 고정한다. 항문에서 싼 똥을 기존 똥 위에 계속 붙여 똥방패의 크기를 키운다. 앞서 나온 플로리다거북딱정벌레와 달리 똥을 짊어지고 움직일 수 있다. 애벌레는 식물을 먹었을 때 나오는 타닌, 알칼로이드, 사포닌 같은 독소로 똥을 만들기 때문에 이 똥을 짊어진 애벌레 근처에는 개미나 다른 포식자 딱정벌레들이 접근하지 않는다. 혹 접근해도 애벌레는 똥방패를 휘두르며

똥을 등에 짊어지고 다니는 잎벌레과 카시다 비리디스의 유충. 이 애벌레가 짊어지고 다니는 똥에는 타닌 같은 식물 독소가 들어 있다.

포식자에게 경고를 날린다.

그래도 이렇게 똥을 등에 살포시 얹고 다니는 녀석은 양반이다. 인도 남부에 서식하는 어떤 잎벌레과 유충은 아예 자신의 똥을 몸에 치덕치덕 바르고 다닌다. 만약 내가 포식자라도 절대 안 먹을 거 같다. 하지만 이렇게 똥으로 떡칠해도 어떤 노린재는 애벌레에 침을 꽂아 체액만 쪽쪽 빨아먹는다. 자연의 세계에는 의외로 비위가 강한 곤충이 많은 것 같다. 이제 이 매스꺼운 현장에서 벗어나 조금 더 지능적으로 똥 방어를 하는 곤충을 만나러 가보자.

## 똥으로 대포를 쏘고, 스스로 똥이 되려는 동물들

은색알락팔랑나비의 애벌레는 자신을 보호하기 위해 똥을 대포로 사용한다. 이 애벌레는 나뭇잎을 실로 엮어 보금자리를 만들고 그 안에 들어가 자신의 몸을 숨긴 채 산다. 하지만 집돌이처럼 그 안에서 계속 살면 배설물이 쌓이기 때문에 애벌레의 천적인 말벌에게 발각되기 쉽다. 그래서 이 애벌레는 자신의 위치를 감추기 위해 '똥대포' 전략을 쓴다. 똥을 쌀 때 엄청난 압력을 줘 최대한 똥을 멀리 날려 보내 포식자로부터 자신의 위치를 숨긴다.

애벌레가 똥을 날려야 얼마나 멀리 날리겠나 싶지만, 2003년 조지타운대의 마사 바이스 Martha weiss 교수는 이 애벌레가 초속 1.3m로, 153cm까지 똥을 날리는 모습을 관찰했다. 이는 무려 자기 몸의 38배에 달하는 거리다. 사람으로 치면 무려 70m까지 똥을 발사하는 셈이

다. 그야말로 똥대포다.

　끝으로 스스로 똥이 되려는 녀석을 소개한다. 일명 '새똥거미'다. 거미줄을 새똥처럼 위장하는 종이 있고, 자신의 다리와 몸에 거미줄을 감싸는 식으로 새똥처럼 위장하는 종도 있다. 이들은 새똥 위장으로 말벌 같은 포식자를 피한다. 이 거미의 위장술은 차원이 다르다. 실제 몸에 새똥 냄새가 나 똥인 줄 알고 몰려든 파리 등을 잡아먹는다. 똥을 이용해서라도 생존하려는 곤충(참고로 거미는 곤충이 아니다)의 전략이 약간 더러워 보일 수 있지만 정말 신박하지 않은가.

# CHAPTER 5

식물은 왜 이래?

# 바나나는 씨가 없는데
# 어떻게 재배할까?

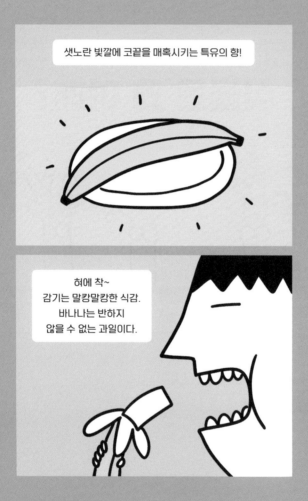

샛노란 빛깔에 코끝을 매혹시키는 특유의 향!

혀에 착~
감기는 말캉말캉한 식감.
바나나는 반하지
않을 수 없는 과일이다.

그런데 바나나에는 눈을 씻고 찾아봐도 씨가 없다.

씨가 있어야 심어서 키울 텐데, 도대체 바나나는
어떻게 재배할까? 통째로 심는 걸까?

## 파초와 바나나에 얽힌 해프닝

2017년 여름, 대구에 바나나가 열려 화제가 된 적이 있다. 그런데 조사 결과 바나나가 아니라 파초로 밝혀져 웃긴 해프닝으로 마무리됐다. 실제 파초와 바나나는 둘 다 파초과(외떡잎식물 생강목의 한 과)에 속하는 식물이라 언뜻 보면 헷갈린다. 그런데 바나나에는 놀라운 비밀이 몇 가지 숨어 있다.

바나나의 놀라운 사실 첫 번째, 바나나는 나무가 아니라 '풀'이다.

파초(왼쪽)와 바나나(오른쪽)는 매우 닮았다.

출처 | 위키미디어

출처 | 셔터스톡 (좌), 위키미디어 (우)

**돌돌 말린 바나나 줄기 단면과 원통형으로 열매 맺는 바나나 모습**

파초과란 단어에서 '초蕉'는 '그을린 풀'이란 뜻이다. 바나나는 키가 10m까지 자라며 줄기가 두껍고 단단하다. 그래서 나무라고 착각하기 쉽지만 풀이 맞다. 바나나 줄기의 단면 사진을 보자. 바나나 줄기는 진짜 줄기가 아니라 잎의 맨 아랫부분인 잎집이 돌돌 감긴 '헛줄기'다. 잎이 돌돌 감기면서 자라기 때문에 바나나는 풀인데도 나무처럼 줄기가 두껍고 단단하다.

신기한 점은 또 있다. 마트에서 파는 바나나의 모습을 떠올려보자. 한 송이씩 진열돼 있을 것이다. 그런데 바나나는 송이 형태로 열매를 맺지 않는다. 바나나에 숨겨진 비밀 두 번째는 바로 바나나가 큰 원통형으로 자란다는 사실이다. 바나나는 50~100개의 열매가 원통형 뭉텅이로 열매를 맺는다. 이 뭉텅이를 적당히 잘라 마트로 유통하는 것이다. 바나나 꽃의 구조를 보면 이렇게 열매를 맺는 이유를 알 수 있다. 바나나가 열 달 정도 자라면 가운데서 뿅 하고 바나나 꽃이 핀다.

사진 속 보라색 잎은 꽃을 덮고 있는 포이고, 진짜 바나나 꽃은 포 안쪽에 있는 노란빛의 기관이다. 꽃 한 개가 바나나 한 개로 자란다.

그런데 이건 사실 꽃이 아니라 꽃을 덮고 있는 '포'다. 포 안에 있는 노란색 기관이 진짜 바나나 꽃이다. 이 꽃 하나가 바로 바나나 한 개가된다. 바나나 꽃이 열매를 맺으면 포는 계속 아래로 자라고, 마침내주렁주렁 바나나가 열리면 바나나 꽃은 시든다.

## 바나나의 진짜 줄기는 대체 어디에?

우리가 보는 바나나의 줄기가 헛줄기라면 진짜 줄기는 어디 있을까?바나나의 진짜 줄기는 흙 속에 묻혀 있다. 이 반전 많은 녀석 같으니라고! 땅속의 줄기를 '알줄기'라고 하는데, 여기에 감자처럼 양분을저장했다가 필요할 때 꺼내 쓴다.

이 알줄기에 바나나 재배에 대한 비밀이 숨어 있다. 알줄기에서 바나나 풀로 자랄 흡아(식물 지하부의 잎겨드랑이에서 나오는 싹)가 10개 정도 자란다. 이를 잘라다 심으면 어미와 유전적으로 똑같은 바나나로 자란다. 사람에 비유하면(조금 끔찍하지만), 팔을 잘라서 키우면 그 팔에서 나와 똑같은 사람이 자라나는 방식이다.

그래서 바나나는 재배할 때 씨앗이 필요 없다. 물론 식용이 아닌 무사 아쿠미나타나 무사 발비시아나와 같은 야생 바나나는 씨앗이 있다. 이런 야생 바나나 중 일부 씨앗이 없는 돌연변이를 발견해 우리가 식용 바나나로 재배한 것이다. 이처럼 바나나는 따로 꽃가루받이와 수정을 할 필요가 없어 재배가 무척 편한 작물이다. 그러나 이 재

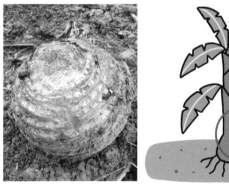 

◀ 바나나의 알줄기
▶ 바나나의 알줄기에서는 바나나 풀로 자랄 흡아가 나오는데, 이를 잘라다가 심으면 바나나가 된다.

출처 | 위키미디어(좌)

배법은 편리하지만 치명적인 약점이 있다. 바로 바나나의 유전적 다양성이 대폭 줄어든다는 것이다. 수분과 수정 없이 모체의 흡아를 그대로 심어 키우기 때문에 새로 자라는 바나나들의 유전자는 복제하는 것처럼 거의 같아질 수밖에 없다.

## 번식 방법 때문에 멸종 위기에 처한 바나나

전 세계인이 현재 가장 많이 소비하는 바나나는 캐번디시 바나나Cavendish banana다. 이들은 품종이 같을뿐더러 유전적으로도 거의 동일하다 보니 질병에 취약할 수밖에 없다. 유전적 다양성이 낮기 때문이다. 예를 들어 한 질병이 유행할 때 모든 바나나가 같은 병에 걸릴 확률이 높다. 또 농장에서 키우는 바나나는 효율적인 수확을 위해 촘촘한 간격으로 심는데, 이 역시 질병이 빠르게 퍼지는 원인이 된다.

사실 1950년대까지 전 세계를 주름잡은 바나나는 지금의 캐번디시 바나나가 아니라 그로스 미셸이란 바나나였다. 캐번디시보다 더 작고 통통하며 더 달콤했다. 하지만 이 바나나를 '푸사리움 옥시스포럼'이란 곰팡이균이 습격했다. 흙을 통해 퍼지는 이 곰팡이균은 바나나 뿌리로 흡수되어 물관을 통해 식물체 전체로 퍼져 잎을 누렇게 만들어 죽인다. 바나나에겐 마치 암과 같은 존재다. 그로스 미셸도 모체의 흡아로 재배한 탓에 모든 품종의 유전자가 거의 비슷했다. 결국 이 곰팡이균에 모든 그로스 미셸 바나나가 치명타를 입었다.

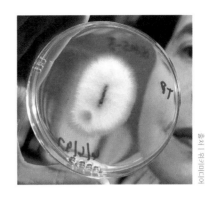

그로스 미셸 바나나를 멸종으로 몰고 간 푸
사리움 옥시스포럼 곰팡이균

 그 결과 그로스 미셸 바나나 재배지는 대폭 축소됐고, 1950년
대 이후 바나나 농장에서 그로스 미셸은 자취를 감췄다. 그런데 다행
히 당시 이 균에 무너지지 않고 잘 자라는 바나나가 발견됐다. 그게 바
로 지금의 캐번디시 바나나다. 맛은 그로스 미셸보다 한 수 아래지만
질병에 강해 농장주들은 캐번디시 바나나를 재배해 식용으로 키우기
시작했다. 하지만 캐번디시 바나나 역시 흡아로 재배하기 때문에 유
전적 다양성이 낮다. 그래서 1994년 캐번디시 바나나를 공격하는 변
종 곰팡이균이 동남아시아 전역에 퍼졌을 때 캐번디시도 그로스 미
셸 꼴이 나는 게 아니냐는 얘기가 나왔다. 앞으로 바나나를 못 먹을 수
있다는 썰까지 돌았다.
 물론 바나나가 멸종 위기에 직면한 건 아니다. 그로스 미셸 바나
나도 재배지가 대폭 축소돼 상업적 가치를 잃었을 뿐 아직 멸종하지
않았다. 또 아직 중남미 지역엔 변종 곰팡이균이 상륙하지 않았고 현
재 유전공학 기술로 야생 바나나를 개량할 수 있다. 즉 앞으로 바나나

를 못 먹을 거라는 얘기는 조금 과장된 측면이 있다. 하지만 개량된 품종의 바나나가 지금의 캐번디시 바나나와 같은 맛을 낼지는 모르는 일이다. 마치 그로스 미셸보다 캐번디시의 맛이 떨어진 것처럼 말이다. 뿐만 아니라 기술적으로 개량하는 일GMO은 잠재적 위험이 있어 많은 사람들의 반발을 살 가능성도 있다. 따라서 지금 바나나의 품종을 되도록 지켜내야 한다. 새 품종을 개발하는 것보다 리스크가 적고 경제적으로 효율적이기 때문이다.

또 하나 재미있는 사실! 바나나는 노랗게 익기 전 녹색인 상태로 수확한다. 왜일까? 판매처로 운반한 뒤 보관실에 다른 과일과 함께 두면 달콤하게 숙성(녹말이 설탕으로)되기 때문이다. 보관실의 바나나는 2~3일이 지나면 다른 과일에서 나오는 에틸렌 기체로 인해 노랗게(엽록소 분해) 변하고 말랑말랑(단단한 펙틴 분해)해진다. 이렇듯 익숙하지만 꽤 독특하고 신기한 매력을 지닌 바나나! 정말 반할 만하지 않은가.

# 파인애플은 어디에서 열릴까?
## (with 호두, 브로콜리)

달콤하면서 새콤한 맛!

아삭하면서 살짝 부드러운 식감을 지닌 파인애플은 후식으로 제격인 과일이다.

많은 사람이 파인애플은 코코넛처럼 나무에서 열린다고 생각하지만, 실상은 그렇지 않다. 파인애플의 놀라운 비밀을 만나보자.

## 파인애플이 나무가 아니라 풀에서 열린다

놀랍게도 파인애플은 풀에서 열린다. 겉모습을 보면 코코넛 같은 야자나무와 가까울 것 같지만, 사실 벼랑 더 가까운 식물이다. 그리고 우리는 흔히 파인애플 하나를 열매 하나라고 생각하지만 그렇지 않다. 파인애플을 이루고 있는 알맹이 하나하나가 각각의 열매다. 우리에게 익숙한 파인애플은 이 각각의 열매가 합쳐진 겹열매다.

　파인애플 꽃이 피는 모습을 보면 이해하기 쉽다. 파인애플은 풀 한가운데서 수십 개의 꽃이 피어나고 그것들이 자라면서 점차 합쳐진

파인애플의 꽃. 수십 개의 꽃에서 맺힌 열매가 융합되면 우리가 먹는 파인애플이 된다.

다. 이 수십 개의 꽃에서 맺힌 열매가 융합돼 우리가 먹는 파인애플이 된다. 그래서 파인애플의 모든 알갱이에 씨방이 있다. 즉 엄밀히 말하면 파인애플은 열매 '한 개'를 딴 게 아니라 열매 '송이'를 통째로 자른 셈이다.

또 재미있는 사실이 있다. 파인애플 꼭지는 줄기의 연장선이라(정확히 말하면 줄기에 붙어 있는 비늘잎) 꼭지만 잘라도 파인애플로 키울 수 있다. 마치 바나나 흡아를 잘라 키우는 것처럼 말이다. 일명 꺾꽂이 방식이다. 파인애플 꼭지를 물에서 키우면 뿌리가 나오는데, 이 뿌리를 땅에 심으면 파인애플로 자란다. 물론 파인애플은 열대성 작물이라 우리나라에선 키우기 힘들다.

파인애플이 소화에 좋다는 말을 한 번쯤 들어본 적 있을 것이다. 이는 파인애플에 들어 있는 단백질 분해 효소인 '브로멜린Bromelin'이라

는 물질 때문이다. 그래서 고기에 파인애플즙을 뿌리면 말랑말랑해진다.

　파인애플을 많이 먹으면 입천장이 허는 이유도 이 단백질 분해 효소 때문이다. 그런데 우리 위는 pH가 매우 낮아 브로멜린이 활성화되기 쉬운 환경이 아니다. 실제 음식을 먹은 후 파인애플을 먹어도 브로멜린이 위 속에서 소화를 도와주는 데는 한계가 있다.

## 파인애플이 식충식물이 된 사연

그런데 파인애플은 왜 이런 물질을 갖게 됐을까? 그 이유는 파인애플이 사는 지역과 관련이 깊다. 파인애플은 열대기후에 산다. 열대 지역엔 수많은 곤충이 살고 있어서 파인애플은 자신을 갉아 먹는 곤충을 퇴치하기 위해 브로멜린을 만드는 방향으로 진화했다. 감의 타닌처럼 파인애플의 브로멜린 역시 식물의 자기방어 물질이다. 그래서 곤충이 파인애플의 과일이나 줄기를 갉아 먹으려고 덤볐다간 오히려 이 효소에 녹아 버리고 만다.

더 놀라운 사실은 간혹 곤충이 파인애플 꼭지에 갇히는데 브로멜린이 꼭지의 고인 물로 녹아나오는 바람에 곤충이 효소에 분해되기도 한다는 것이다. 그러면 곤충의 잔해물은 파인애플로 다시 흡수돼 영양분이 된다. 조금 과장하면 파인애플은 얼떨결에 '식충식물'이 되

는 셈이다. 이처럼 파인애플은 생각보다 꽤 반전이 많은 과일이다.

## 반전 매력을 지닌 호두와 브로콜리

그런데 '반전' 하면 호두와 브로콜리도 파인애플 못지않다. 먼저 호두에 대해 알아보자. 호두는 견과류라 땅콩처럼 땅속에서 자랄 것 같지만 사실 나무에서 열린다. 더 놀라운 사실은 따로 있다. 호두 안에 있는 뇌처럼 생긴 게 씨앗이라고 착각하는 경우가 많은데, 실은 호두 자체가 씨앗이다. 이게 뭔 소리인가 싶겠지만 아래 사진을 보면 금방 이해가 된다. 호두나무에 열린 녹색 열매 안에 우리에게 익숙한 호두가 들어 있다. 그러니까 우리가 먹는 뇌처럼 생긴 부분은 호두 씨앗이 아니라 씨앗 속에서 장차 식물로 자랄 배와 배젖이다. 그래서 호두를

호두나무의 열매(녹색) 속 씨앗(갈색)이 우리가 흔히 보는 호두다.

우리가 먹는 밤도 씨앗이다. 그래서 밤을 통째로 심으면 새싹이 자란다.

땅에 묻고 물을 주면 콩나물처럼 새싹이 자라난다.

호두와 비슷한 작물 중 하나가 밤이다. 밤 역시 열매가 아니라 씨 앗이다. 가시가 달린 게 바로 밤 열매고, 우리가 알고 있는 밤은 이 가 시 열매 안에 들어 있는 씨앗이다. 그래서 밤도 호두처럼 통째로 심으 면 새싹이 자란다. 호두와 밤의 차이점은 호두는 열매 속에 씨앗이 1개 들어 있고, 밤은 열매 속에 씨앗이 2~3개 들어 있다는 것이다.

끝으로 브로콜리도 반전 넘치는 채소다. 브로콜리 식물을 보면 우리가 먹는 버섯 모양의 오돌토돌한 알갱이가 달린 브로콜리를 찾 아볼 수 없다. 왜냐하면 아직 꽃이 피지 않았기 때문이다. 다시 말해 우리가 먹는 브로콜리는 바로 '꽃'이란 얘기다. 브로콜리가 자라면 수 많은 꽃봉오리가 올라오는데, 이 꽃봉오리를 잘라 우리가 먹는 브로 콜리로 판매하는 것이다. 실제 브로콜리를 확대하면 작은 꽃봉오리 들이 모여 있다. 브로콜리 꽃을 수확하지 않고 가만히 두면 계속 자라

브로콜리의 꽃. 우리가 먹는 브로콜리는 아직
꽃을 피우지 않은 꽃봉오리다.

예쁜 꽃을 피운다. 즉 우리는 아직 피지도 않은 꽃봉오리를 생으로 먹
고 데쳐 먹고 초장에 찍어 먹는 것이다.

한 가지 더 재미있는 것은 브로콜리는 겨자로부터 나왔다는 사
실이다. 겨자에서 꽃과 줄기가 큰 개체만 집중적으로 육종(생물이 가진
유전적 성질을 이용해 새로운 품종을 만들거나 기존 품종을 개량하는 일)한 게
바로 브로콜리다. 그리고 잎을 집중적으로 키워 만든 게 케일, 꽃송이
를 집중적으로 키워 만든 게 콜리플라워다. 이런 식으로 줄기는 콜라
비, 끝눈은 양배추, 잎눈은 방울양배추까지 이 식물들은 모두 겨자의
특정 부분을 집중적으로 육종해서 탄생했다.

과학의 시선으로 본 파인애플, 호두, 브로콜리는 어떤가. 이 사실을
알고 마트에 가면 과일과 채소들이 아주 색다르게 다가오지 않을까?

# 은행나무는 잎이 넓은데
# 왜 침엽수일까?

가을은 뭐니 뭐니 해도 남자의 계절…
아니, 단풍의 계절이다.

정열적인 붉은 단풍도 가을을 아름답게 수놓지만
은은한 노란 빛깔의 은행나무도 둘째가라면 서럽다.

특히 은행나무는 2억 7,000만 년 전,
고생대 페름기 때 등장한 역사가 오래된 나무다.

그런데 무엇보다 재미있는 건 이렇게 넓은 잎을 지닌
은행나무가 침엽수로 분류된다는 사실!
도대체 왜 활엽수가 아니라 침엽수일까?

## 단 1종만 존재하는 은행나무

은행나무는 존재 자체가 레전드다. 왜냐하면 전 세계에 1문 1강 1목 1과 1속 1종만 존재하는 매우 진귀한 식물이기 때문이다. 은행나무문 은행나무강 은행나무목 은행나무과 은행나무속 은행나무 이렇게 분류되는 단 하나의 종이다. 2억 7,000만 년 전 고생대 페름기 때 지구에 등장한 은행나무는 당시 7속에 수십 종이 있었다고 추정된다. 하지만 점차 멸종하기 시작해 지금은 오직 단 1종만 남았다. 분류학적으로 '문' 단위 전체가 전멸하고 한 종만 남았다는 뜻이다. 곤충, 거미 등이 속한 절지동물문을 여기에 비유하면 모든 곤충이 전멸하고 제왕나비 한 종만 살아남은 셈이다. 그러니 지금의 은행나무는 '살아있는 화석'이라는 칭호가 붙을 만하다.

그리고 은행나무는 또 다른 면에서 존재감이 빛난다. 바로 냄새다. 은행나무는 단풍이 들기 전에 열매를 맺는데 이 열매들이 터졌을 때 나는 냄새란⋯ 아마 다들 공감할 것이다. 이 냄새는 열매껍질에 함유된 '빌로볼Bilobol'과 '은행산Ginkgoic Acid'이란 물질 때문이다. 사실 우

은행 씨앗을 자른 단면도. 작은 씨눈이 장차 은행나무로 자랄 부분이다. 씨눈 주변의 나머지 조직은 모두 영양분으로 사용되는 배젖이다.

리가 열매로 알고 있는 '은행'은 엄밀히 말해 열매가 아니다. 열매는 속씨식물의 씨방이 변형된 형태를 말하는데, 은행나무는 씨방이 없다. 밑씨가 겉으로 드러난 겉씨식물이기 때문에 열매란 명칭보다 씨앗이나 종자 정도로 부르는 게 알맞다. 아무튼 이 열매, 아니 씨앗의 겉표면(외종피)과 단단한 중종피를 벗겨내면 우리가 먹는 과육 부분이 있는데 이를 '배젖'이라고 한다. 배젖 안에 작은 씨눈이 들어 있고, 이 녀석이 장차 커다란 은행나무로 자란다.

## 은행나무는 침엽수일까, 활엽수일까?

그런데 여기서 이상한 점을 눈치챘는가? 그렇다. 은행나무는 겉씨식물이자 침엽수인데 잎이 넓다! 자고로 침엽수는 얇고 가느다란 바늘

은행나무 잎을 빛에 비추면 방사상으로 뻗은 잎맥이 보인다. 이는 침엽수의 바늘잎을 서로 붙여놓은 것과 비슷하다. 만약 활엽수라면 오른쪽 사진처럼 잎 가운데 중맥이 있어야 한다.

잎을 지녀야 정상 아닌가? 도대체 은행나무는 침엽수임에도 왜 잎이 활엽수처럼 넓적한 걸까?

사실 은행나무 잎은 바늘잎이다. 뭔 말 같지도 않은 소리인가 싶겠지만, 은행나무 잎을 결 따라 한 올 한 올 뜯어보면 쉽게 이해할 수 있다. 이 결들은 '잎맥(차상맥)'으로, 방사상으로 뻗어 있다. 이 모습은 마치 침엽수의 바늘잎을 서로 붙여놓은 형태와 비슷하다. 만약 활엽수라면 평행한 잎맥 대신 가운데 굵은 중맥을 기준으로 사방으로 뻗은 '그물맥'을 지녀야 한다.

은행나무 잎의 진화 과정을 보면 좀 더 이해하기 쉽다. 약 2억만 년 전 은행나무 조상의 잎은 가느다랗게 갈라져 있었다. 그러다 정확한 이유는 알 수 없지만 시간이 지나며 점차 한 덩어리로 잎이 뭉치는

방향으로 진화했다. 잎이 뭉쳐진 개체만 자연선택되어 살아남은 셈이다. 그리고 살아남은 단 한 종이 바로 지금 우리가 보는 은행나무다.


## 은행나무는 침엽수도, 활엽수도 아니다!


여기서 또 하나의 반전은 은행나무를 무작정 침엽수로 보기 애매하단 사실이다. 2017년 국립수목원에서 '침엽수'를 주제로 국제심포지엄이 열렸다. 당시 기조 강연에서 영국 큐왕립식물원의 알리오스 파존Alios Farjon 박사는 은행나무는 DNA뿐 아니라 수정 방식도 보통의 침엽수와 다르다며 은행나무는 침엽수가 아니라고 주장했다. 그도 그럴 것이 은행나무는 우리가 흔히 아는 소나무 같은 침엽수(구과식물)와 수정 방식이 사뭇 다르다. 바로 움직이는 '정자(정충)'를 이용하는데, 말 그대로 헤엄치는 정자를 갖고 있다.

5월 초중순, 수분 시기가 되면 은행나무 암꽃대에서 밑씨가 나오고 밑씨 끝에 '밀액'이라는 작은 액체가 방울 맺힌 채 꽃가루를 기다린다. 이후 수나무의 꽃가루 주머니에서 날아온 꽃가루가 밀액에 안착하면 몇 개월 후 수정이 일어난다. 꽃가루는 밀액의 영양분을 흡수해 가지 모양의 화분관을 만들고, 화분관 안에서 정자세포는 나선형 섬모를 가진 정자로 성장한다. 시간이 지나 화분관이 터지면 정자는 섬모를 최대 1초에 28회씩 회전하며 난세포를 향해 나아가 수정이 이뤄진다.

식물분류표(296쪽)를 보면 종자식물 중 은행나무와 소철만 운동성 있는 정자세포를 가졌다. (포자식물인 이끼류와 양치류 역시 운동성 있는 정자세포를 지니고 있다.) 반면 겉씨식물 중 소나무가 속한 침엽수(구과식물)와 속씨식물은 수분이 일어난 후 난세포까지 화분관이 자라기 때문에 정자의 운동성이 없다. 그러니까 식물분류표에서 알 수 있듯 은행나무의 수정 방식은 진화적으로 포자식물과 종자식물의 중간 단계에 있는 셈이며, 구과식물인 침엽수와는 전혀 다르다.

그런데 정식 식물분류표에는 침엽수와 활엽수라는 말이 없다. 엄밀히 말해 침엽수와 활엽수는 편의상 사용하는 개념이다. 겉씨식물 중 방울 열매(구과)를 맺는 구과식물을 침엽수라고 부를 뿐이다. 사실 구과식물, 즉 침엽수 중에는 '나한송'이나 '아가티스'처럼 잎이 넓은

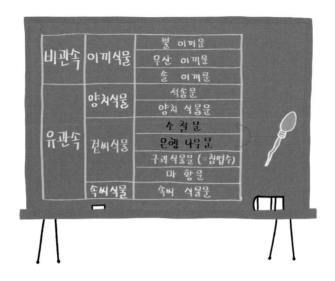

식물분류표상 침엽수와 활엽수의 분류 기준은 없다. 은행나무는 구과식물과는 달리 운동성을 지닌 정자를 가졌다.

녀석들도 있다. 즉 잎의 모양만 보고 침엽수와 활엽수를 구분할 수 없는 것이다. 그리고 이 분류 기준이라면 은행나무는 구과식물문에 속하지 않으니 침엽수가 아니다. 그럼 도대체 은행나무는 침엽수일까, 활엽수일까?

너무 궁금했던 필자는 직접 산림청에 문의를 넣었고, 공식적인 답변을 들을 수 있었다. 그 답은 놀라웠다.

"은행나무는 침엽수도, 활엽수도 아닌 그냥 은행나무로 분류해야 합니다. 계통 분류학적 차이 때문입니다. 1970년대 《임학개론》이란 책에서 은행나무를 침엽수로 분류한 내용이 지금까지 잘못 전해진 것 같습니다.”

그러니까 엄밀히 말하면 인터넷에서 은행나무를 침엽수로 분류한 내용은 이제 과학적으로 틀린 사실이다.

가을이 오면 은행나무를 꼭 눈에 담아보자. 3억 년의 세월을 견뎌낸 은행나무가 더 이상 흔하디흔한 가로수로 보이지 않을 것이다. 침엽수도, 활엽수도 아닌 그냥 은행나무! 뭔가 경이롭고 독특한 매력으로 다가오지 않는가.

# 왜 무화과 안에서
# 죽은 말벌이 발견될까?

무화과는 향도 좋고 단맛도 좋은 과일이다.

무화과는 꽃 없이 열매를 맺는 과일로 알려져 있지만, 실은 꽃이 꽃받침 안에서 핀다.

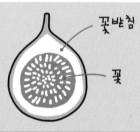

그렇다면 도대체 무화과는 어떻게 수정과 번식을 할까?

## 무화과와 무화과말벌의 공생 전략

무화과꽃을 수정시키는 녀석의 정체는 바로 '무화과말벌'이다. 짝짓기를 마치고 몸에 알을 한 가득 지닌 암컷 무화과말벌은 무화과 열매가 내뿜는 향기를 쫓아 열매에 안착한다. 열매엔 빈틈이 없어 보이지만 바늘구멍만 한 무화과말벌은 작은 몸집을 십분 활용해 무화과 열매 아랫부분에 난 작은 구멍으로 쏙~ 들어간다. 다른 곤충은 못 들어가고 오직 무화과말벌만 들어갈 수 있다. 하지만 안타깝게도 이 무화과말벌 암컷은 열매 안으로 들어가는 과정에서 날개와 더듬이를 잃고 바깥세상과 영영 작별한다. 그리고 무화과 열매 속 암꽃에 알을 낳을 준비를 한다.

무화과 열매 안에는 수많은 암꽃과 수꽃이 함께 있다. 암꽃은 또 암술머리가 긴 것과 짧은 것으로 나뉘는데, 무화과말벌은 암술머리가 짧은 암꽃에만 알을 낳을 수 있다. 무화과말벌의 산란관 길이가 여기에 딱 알맞기 때문이다. 말벌 암컷은 열매 안을 이리저리 돌아다니며 알을 낳는 과정에서 자신의 몸에 묻은 무화과 꽃가루를 암술머리가

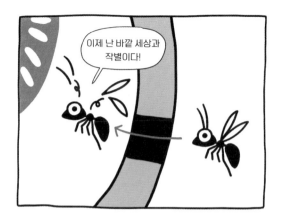

긴 암꽃에 묻히고 다닌다. 암술머리가 짧은 암꽃에서는 무화과말벌
의 알이 부화하고, 암술머리가 긴 암꽃은 꽃가루를 받은 덕분에 그 안
에서 씨앗(과육)이 성숙한다.


## 무화과 안에서 죽은 말벌 사체가 발견되는 까닭은?


시간이 지나면 암꽃에서 무화과말벌의 수컷이 먼저 부화한다. 수컷
은 암컷과 달리 날개가 없고 몸집도 훨씬 작다. 이 남정네 말벌은 암컷
이 자라고 있는 암꽃을 찾아다니다가 암컷이 자라는 곳을 발견하면
암컷이 태어나기 전 암꽃 주머니에 생식기를 쿡 찔러 넣어 짝짓기를
한다. 이렇게 일방적인(?) 짝짓기를 마친 수컷이 하는 일은 단 하나!
암컷이 밖으로 잘 나갈 수 있게 열매 벽에 구멍을 내는 일이다. 일을

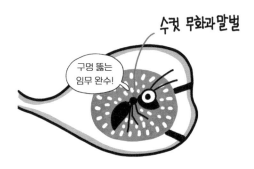

다 마친 수컷은 바깥 구경 한번 못하고 열매 안에서 생을 마감한다.

이후 여러 암꽃에서 태어난 무화과말벌 암컷들은 열매 안을 돌아다니며 다시 꽃가루를 몸에 묻힌 뒤 수컷이 뚫어놓은 구멍을 통해 열매 밖으로 나간다. 그리고 다시 다른 무화과 열매를 찾아다니며 삶을 이어나간다. 이런 이유로 일부 무화과 안에는 수컷 말벌과 미처 빠져나가지 못한 암컷 말벌의 사체가 발견된다. 한편 씨앗이 성숙한 무화과 열매는 동물의 먹이가 되고, 씨앗은 이들의 배설물을 통해 숲 이곳저곳으로 퍼져나간다.

## 우리가 먹는 무화과 안에 말벌이 없는 이유

그런데 시중에서 무화과를 사본 경험이 있다면 알겠지만, 무화과 안에서 말벌 사체를 본 적은 아마 없을 것이다. 우리가 주로 먹는 무화과는 '커먼 타입 무화과'란 종으로, 말벌의 도움 없이 스스로 과육이

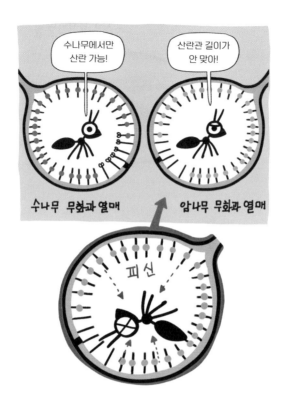

말벌을 통해 재배하는 무화과에서 죽은 말벌이 발견되지 않는다. 암나무의 열매만 판매하기 때문이다. 암나무 열매 속에서는 암컷 무화과말벌이 산란하지 못하고, 혹 말벌이 죽더라도 '피신'이란 단백질 분해 효소에 의해 분해된다.

성숙하는 단위결실로 재배하기 때문이다. 하지만 단위결실로 열리는 무화과보다 수정된 무화과가 속이 더 알찬 탓에 미국 서부의 일부 농가에서는 말벌을 이용해 무화과를 기르기도 한다. 그러나 이 역시 과일에서 말벌이 나올 걱정은 할 필요가 없다. 이 무화과는 앞서 나온 야생 무화과와 달리 암나무와 수나무가 따로 있다. 암컷 말벌은 오직 수나무에서 열린 열매 안에만 알을 낳을 수 있으며, 암나무의 열매 안에서 열린 꽃들은 모두 암술머리가 길기 때문에 암컷 말벌이 들어가더라도 알을 낳지 못한 채 열매 안에서 생을 마감한다. 농가는 바로 이 암나무에서 열린 열매만 판매한다. 혹 열매 안에서 알을 낳지 못하고 죽은 암컷 말벌이 발견되면 어쩌나 하고 걱정할 수 있다. 하지만 성숙한 무화과 열매에서는 '피신'이란 단백질 분해 효소가 나와 암컷 말벌의 사체를 말끔히 분해하기 때문에 염려할 필요가 없다.

무화과는 말벌에게 출산할 장소를 내주고, 말벌은 무화과의 번식을 돕는다. 이런 상리공생 관계는 놀랍게도 무려 7,000만~9,000만 년 전부터 진화해 지금까지 이어졌다. 우리가 자주 보는 열매 하나에 공생이란 놀라운 진화 전략이 숨어 있다는 사실에서 또 한 번 자연의 경이로움을 느낀다.

[ 9,000만 년 전의 어느 날 ]

야, 말벌! 나랑 같이 일해 볼래?

# 옛날 옛적엔 나무만 한 곰팡이가 살았었다고?

거대한 버섯들로 빼곡히 들어찬 숲은 SF 영화에서나 나올 법한 광경이지만….

4억 2,000만 년 전의 지구에서는 실제로 높이 8.8m의 프로토택사이트라는 거대 곰팡이가 번성하고 있었다.

조상님 맞아요?

8.8m

이거 사실, 균류야…

역사상 가장 큰 균류인 프로토택사이트는 어떤 생물이었을까?

←프란시스 휴버

←프로토택사이트 화석

# 거대한 미지의 생명체 발견

때는 1843년, 지질학자 에드몬드 로건William Edmond Logan은 캐나다 북동부 데본기 지층에서 약 4억 2,000만 년 전에 살았던 거대한 식물로 보이는 화석을 수집했다. 그리고 이 화석을 동료 지질학자인 윌리엄 도슨John William Dawson에게 보내 분석을 의뢰했다. 도슨은 이 화석이 침엽수 같은 주목과의 나무가 죽은 뒤 곰팡이로 뒤덮였다고 생각해 '프로토택사이트Prototaxites'라고 명명했다.

그래서 이후 그가 그린 프로토택사이트의 복원도는 영락없이 키 큰 나무의 모습이다. 하지만 식물학자 윌리엄 카루더스William Carruthers는 이 주장에 의문을 품었다. 화석을 이리 보고 저리 봐도 내부의 조직이 나무와

프로토택사이트의 화석.
긴 것은 8m가 넘는다.

사뭇 달랐기 때문이다. 그래서 카루더스는 이 화석이 일종의 미역이나 다시마 같은 거대한 해조류라고 생각했다. 그도 그럴 것이 실루리아기 말에서 데본기 초기에는 줄기가 없는 이끼류나 줄기가 있어도 키가 수 cm에 불과한 쿡소니아 같은 식물들만 있었기 때문이다. 지금처럼 거대한 나무들이 우후죽순 등장하는 시기가 아니었다. 그래서 학계에서는 프로토택사이트가 어떤 생물인지를 두고 무려 100년 넘게 갑론을박이 이어졌다.

## 미스터리한 생명체의 정체는 곰팡이?

그러던 2001년, 앞선 논란에 종지부를 찍는 논문이 발표된다. 미국 스미스소니언 국립자연사박물관의 고생물학자 프란시스 휴버Francis Hueber가 프로토택사이트는 '균류'라는 파격적인 주장을 들고 나왔다. 그는 프로토택사이트의 화석 표면에서 곰팡이나 버섯 같은 균류에서만 관찰되는 독특한 세포 구조인 '균사Hypha'를 발견했다. 이를 프로토택사이트가 균류라는 주장의 강력한 근거로 제시했다.

하지만 그의 주장에 대해 많은 과학자들은 긴가민가했다. 그러나 약 6년 뒤인 2007년, 스탠퍼드대의 고식물학자 케빈 보이스Kevin Boyce가 탄소 동위원소 분석을 바탕으로 프로토택사이트가 곰팡이(균류)라는 휴버의 주장에 힘을 실었다. 도대체 어떻게 탄소 동위원소 분석으로 이 생물이 곰팡이라는 사실을 알아냈을까?

식물은 공기 중의 이산화탄소를 흡수해 광합성하기 때문에 같은 시기와 비슷한 환경에 살았던 같은 종의 식물이라면 탄소-13과 탄소-12의 비율이 비슷하다. 반면 동물이나 균류처럼 다양한 유기물을 섭취하는 생물은 같은 종이라도 무엇을 먹느냐(분해하느냐)에 따라 탄소 동위원소의 비율이 제각각이다.

극단적인 예를 들면, 채식만 하는 사람과 고기만 먹는 사람은 같은 사람이라도 체내 탄소 동위원소의 비율이 전혀 다르게 나온다. 보이스 박사의 추가 연구 결과(2010)를 살펴보자(308쪽). 데본기에 살았던 식물의 탄소 동위원소의 비율은 같은 종인 경우 모두 엇비슷하다. 그럼 프로토택사이트는 어떨까? 그림 속 파란색 원으로 표시된 부분이 프로토택사이트인데, 같은 종이라도 탄소 동위원소의 비율이 천차만별이다. 이 증거를 토대로 보이스 박사는 프로토택사이트는 광합성을 하는 식물이 아니라 유기물을 분해하는 곰팡이라고 못 박았다.

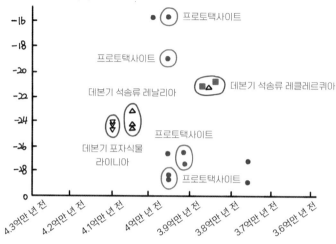

데본기 식물(빨간색 원)은 같은 종인 경우 탄소 동위원소의 비율이 거의 같지만, 프로토택사이트(파란색 원)는 같은 종이라도 각각 비율의 차이가 크다.

## 초거대 곰팡이는 왜 멸종했을까?

그러나 이후 학자들은 또 다른 고민에 빠졌다. '만약 녀석이 곰팡이라면 어떻게 이토록 거대해졌을까? 그리고 왜 3억 6,000만 년 전에 사라진 걸까?'라는 문제에 봉착했다.

아직 명확한 답은 없지만, 키가 크면 포자를 더 멀리 날려 보낼수 있다는 장점 때문에 커졌다는 주장이 있다. 일각에서는 데본기 육지엔 작은 절지동물만 살았고, 당시 척추동물도 이제 막 육상으로 진출하던 시기라 프로토택사이트를 무차별적으로 갉아 먹을 만한 동물이 없어 크게 자랐다는 주장도 나왔다. 한편 곤충을 프로토택사이트의 멸종 원인으로 보는 시각도 있다. 균류가 이토록 크게 자라려면 오랜 시간이 필요한데, 당시 번성하기 시작한 곤충들이 프로토택사이트가 채 다 자라기 전에 갉아 먹는 바람에 프로토택사이트가 제대로 번식하지 못하고 멸종의 길로 접어들었다는 것이다.

또 프로토택사이트의 멸종 원인 중 하나로 데본기 때부터 산림을 형성한 겉씨식물과의 경쟁을 꼽기도 한다. 어쨌거나 프로토택사이트는 지구 역사상 가장 컸던 곰팡이로 자리매김하는 듯했다. 그러던 2010년 앞선 주장을 반박하는 논문 하나가 등장한다. 위스콘신매디슨대의 린다 그레이엄Linda E. Graham 교수가 프로토택사이트는 큰 곰팡이가 아닌 일종의 우산이끼라고 주장했다. 그녀의 주장은 꽤 독특했다. 실루리아기 말에서 데본기 초기 육상에는 원시 우산이끼류가 광범위하게 분포했는데, 중력이나 바람 등으로 인해 이끼류가 붙어 있던

땅(매트)이 마치 양탄자가 말리듯 돌돌 말리며 굴러떨어졌고, 이게 프로토택사이트 화석이 됐다는 주장이다.

그레이엄 교수는 실제 이끼류가 붙은 채 돌돌 말린 매트를 현미경으로 관찰하면 이끼류의 가근(뿌리와 비슷한 조직)이 보인다고 설명했다. 프로토택사이트의 화석에서도 이와 비슷하게 생긴 구조들이 관찰됐다. 이를 근거로 프로토택사이트가 하나의 거대 균류가 아닌 고대 우산이끼류와 흙, 그리고 흙 속의 다양한 미생물이 돌돌 말리면서 뒤섞여 화석화된 큰 구조물이라고 주장했다. 참신한 주장이지만 아직 프로토택사이트를 하나의 거대 유기체로 보는 시각이 우세하다.

이외에 프로토택사이트가 단일 균류가 아니라 광합성을 하는 녹조류와 공생체를 이뤄 살았던 일종의 지의류일 가능성이 높다고 주장

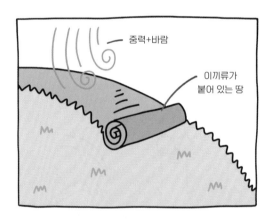

프로토택사이트가 균류가 아닌 이끼류가 붙어 있는 땅이 돌돌 말려 굴러떨어지면서 만들어진 거대 유기체라고 보는 시각도 있다.

하는 과학자도 있다. 앞으로 더욱 정확한 결론에 도달하려면 추가적인 화석 증거가 필요하다.

　한번 상상해보자. 거대한 곰팡이들이 우뚝우뚝 솟은 고생대 데본기의 어느 숲길, 이런 곳에서 산책한다면 어떤 기분일까?

# 최초의 바이러스는 어디에서 왔을까?

코로나19(Covid-19)로 우리는 모두 바이러스 전문가가 됐다.

지구는 바이러스의 행성이라고 해도 과언이 아니다. 바닷물 1L에 무려 10억 개의 바이러스 입자가 있을 정도니 말 다 했다.

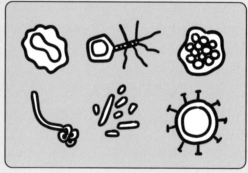

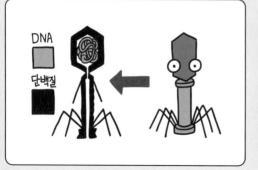

바이러스는 정말 단순하다. DNA 같은 유전물질과 골격을 이루는 단백질이 전부다. 이렇게 자그마한 녀석이 인류 역사를 여러 번 뒤흔들었다. 대체 바이러스는 어디에서 기원한 걸까?

# 바이러스 발견사

1886년 독일의 농업화학자 아돌프 마이어Adolf Mayer는 담뱃잎에 특정 무늬가 생기는 질병을 발견하고 '담배 모자이크병'이라고 이름을 붙였다. 그리고 질병의 원인이 세균에 있다고 생각했다. 6년 후 러시아 미생물학자 드미트리 이바노브스키Dmitry Ivanovsky는 이 질병과 관련한 재미있는 실험을 한다. 담배 모자이크병에 걸린 담배를 으깬 후 이 추출물을 미세한 필터로 세균까지 거른 다음 정상 담배에 투여했다. 그랬더니 정상 담배가 담배 모자이크병에 걸렸다. 하지만 이바노브스키는 이를 여전히 세균의 독성 물질 때문이라고 생각했다. 세균과 달리 독성 물질은 필터를 통과한다고 여긴 것이다. 그도 그럴 것이 당시에는 세균보다 더 작은 생물체는 상상조차 하지 못했다.

그러던 1898년, 네덜란드의 식물학자 베이에링크Martinus Willem Beijerinck는 같은 실험을 되풀이하면서 필터로 거른 용액에 세균이 전혀 증식되지 않는다는 사실을 발견했다. 이를 토대로 세균보다 훨씬 더 작은 새로운 감염체가 있을 거라고 추측했다. 그는 이 감염체를 '바이러스'

담배 모자이크 바이러스에
감염된 담뱃잎

라고 불렸다. 이렇게 인류사에 바이러스란 존재가 처음 등장했다.

이후 전자 현미경의 개발과 분자 유전학의 발전으로 바이러스에 대한 연구가 급물살을 타기 시작하면서 바이러스의 생김새와 구조가 차츰 밝혀졌다. 바이러스는 세균보다 약 100배 작고 구조가 무척 단순하다. DNA나 RNA로 된 유전물질과 이를 둘러싼 단백질 껍질이 거의 전부다. 하지만 그에 비해 다양성과 영향력은 실로 놀랍다.

바닷물 1L 속에 약 10억 개의 바이러스 입자가 존재한다. 이들은 세균부터 식물, 동물, 버섯, 곰팡이에 이르기까지 지구상 모든 생명체를 감염시킬 수 있다. 스페인 독감, 에볼라, 에이즈, 코로나-19 등 인류의 질병사 역시 바이러스를 빼놓고 논할 수 없을 정도다. 과학자들은 작고 단순하지만 놀라운 특징을 지닌 바이러스를 보면서 '도대체 이 녀석들은 어디서 온 걸까?'라는 의구심이 들 수밖에 없었다.

# 바이러스는 최초의 생명체일까?

처음엔 바이러스를 최초의 생명체로 보는 시각도 있었다. 이들은 원시 생명체인 세균보다 더 단순하기 때문이다. 하지만 바이러스의 생활사가 밝혀지면서 이 생각은 금세 깨졌다. 이들은 무조건 세포 내 기생을 통해 삶을 영위하기 때문이다. 바이러스마다 생활사는 제각각이지만, 그들의 삶을 아주 간략히 묘사하면 대략 이런 과정을 따른다.

(1)바이러스(Virion, 바이러스 입자)가 세포 안으로 들어와 (2)유전물질DNA과 겉껍질(단백질)을 방출한다. (3)이 유전물질과 겉껍질은 세포 내 효소의 도움을 받아 증식한다. (4)이후 다시 원래대로 재조립되고 (5)세포 밖으로 탈출해 주변 세포를 다시 감염시키며 증식한다.

[ 바이러스의 생활사 ]

바이러스

세포 내 침투 　　　 방출 　　　 증식

재조립 　　　 탈출

즉 바이러스는 세포 없이 물질대사를 증식할 수 없기 때문에 세포보다 먼저 지구에 나타났다고 보기엔 무리가 있다.

그래서 생물학자들은 바이러스의 기원을 '세포퇴화설'로 설명했다. 대상포진을 일으키는 헤르페스바이러스나 천연두를 일으키는 바이러스 등 많은 바이러스가 세포처럼 이중 가닥 DNA를 지녔기 때문이다. 이들의 DNA는 유전자가 100여 개뿐 아니라 크기도 작아 세포가 퇴화됐다고 생각하기에 충분했다. 즉 원시 세포 중 일부가 점차 DNA를 잃으며 작아졌고 그 결과 바이러스가 됐다고 생각했다.

그러나 이 세포퇴화설은 RNA 바이러스의 기원을 설명할 수 없다. 지구상 모든 세포는 유전물질로 DNA만 지니고 있는데, 만약 이 세포가 퇴화해 바이러스가 됐다면 대부분의 바이러스도 DNA를 유전물질로 지녀야 한다. 하지만 현실은 다르다. 전체 바이러스 중 RNA를 유전물질로 지닌 바이러스가 절반을 넘게 차지한다. 그래서 다른 생물학자들은 또 다른 가설을 제시했다. 바로 '세포탈출설'이다. 말 그대로 세포 속 유전체(DNA 및 RNA)의 일부와 효소 단백질 등이 세포

[ 세포퇴화설 ]

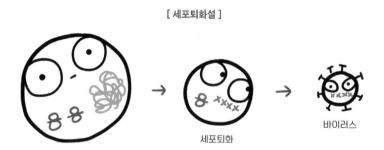

세포퇴화 바이러스

를 빠져나와 바이러스가 됐다는 주장이다. 이 가설은 DNA는 물론 RNA 바이러스의 기원도 설명할 수 있다. 소아마비를 일으키는 폴리오바이러스나 콩과 식물을 감염시키는 코모바이러스 등이 지닌 RNA는 세포 속 mRNA의 구조와 매우 닮았다. 또 이 바이러스의 효소 유전자도 세포의 것과 비슷하다. 이렇게 바이러스의 기원이 세포탈출설로 굳혀지려는 찰나, 다 된 세포탈출설에 재를 뿌리는 녀석이 등장하는데….

## 바이러스가 독자적인 생명체?

그건 바로 2003년에 발견된 '미미바이러스'란 거대 바이러스다. 이 녀석의 지름은 400~600nm(나노미터)로, 기존 바이러스보다 몇 배 컸다. 염기(118만 개)와 유전자 수(1,000여 개)도 여타 바이러스와 비교조차 안 될 정도로 많았다. 그리고 2011년 칠레 해안에서 미미바이러스보다 좀 더 큰 '메가바이러스'가 발견됐다. 당시 생물학자들은 이보다 더 큰 바이러스는 발견되지 않을 거라고 호언장담했지만 2년 후 그들의 당당함은 보기 좋게 깨졌다. 메가바이러스보다 2배 이상 크고 대장균보다 살짝 작은 '판도라바이러스'가 발견됐다. 게다가 2014년 시베리아 영구동토층에서 판도라바이러스보다 더 크고 대장균과 맞먹는 '피토바이러스'가 발견되면서 세포탈출설은 새로운 국면을 맞이했다. 왜냐하면 세포 일부가 탈출해 바이러스가 됐다는 가설은 세포만

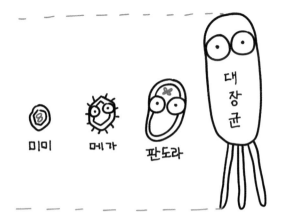

한 거대 바이러스의 존재를 설명하기엔 역부족이기 때문이다.

그러다 2015년 미국 일리노이대의 구스타보 카에타노-아놀레스 Gustavo Caetano-Anolles 교수는 바이러스의 겉껍질인 단백질의 기원이 굉장히 오래됐다는 사실을 발견하고 바이러스의 기원을 '제4의 생물영역설(원시 바이러스 세포설)'로 설명했다. 현재 생물은 세균, 고세균, 진핵생물 이렇게 3가지 영역으로 분류하는데, 구스타보 교수는 여기에 바이러스 영역, 즉 제4의 생물영역을 추가해야 한다고 주장했다. 바이러스는 태초에 세포와 닮은 원시 생명이 출현했을 때부터 원시 바이러스 세포Proto-virocell가 분화했고, 원시 바이러스 세포는 자립된 삶을 살다 얼마 지나지 않아 세포에 기생하면서 오늘날의 수많은 바이러스로 진화했다는 설명이다. 한마디로 말하면 바이러스가 세포에서 탈출한 게 아니라 독자적으로 생겨난 생명체 중 하나라는 주장이다.

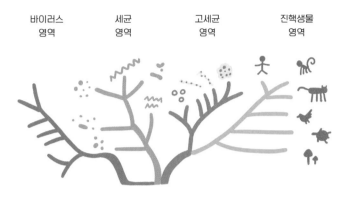

**[ 바이러스의 제4의 생물영역설 ]**

| 바이러스 | 세균 | 고세균 | 진핵생물 |
|---|---|---|---|
| 영역 | 영역 | 영역 | 영역 |

## 바이러스는 유전물질 강탈자?

그러나 2017년 오스트리아의 하수처리장에서 거대 바이러스인 '클로스노이바이러스'를 발견한 프레데릭 슐츠Frederik Schulz 박사는 이 주장을 반박했다. 유전체 조사 결과, 이 거대 바이러스는 수억 년 동안 숙주 세포의 유전물질을 뺏으며 커진 것으로 밝혀졌기 때문이다. 슐츠 박사가 이 연구 결과를 《사이언스》지에 발표하자 일부 생물학자들은 구스타보 교수의 원시 바이러스 세포설을 공격했다. 바이러스는 생명 역사 이래 독립적으로 진화한 생명이 아니라 하나의 입자로 수억 년 동안 숙주 세포의 유전물질을 강탈했을 뿐이라고 주장했다. 그래서 아쉽게도 바이러스의 기원에 대해선 아직까지 학계에서 논쟁을 이어가고 있다.

바이러스는 생명의 시작과 함께 나타난 새로운 생물영역 중 하나일까? 아니면 그저 세포에서 떨어져 나온 유전물질을 담은 입자에 불과할까? 이는 바이러스를 생물과 무생물의 영역 중 어디에 둘지에 대한 고민의 연장선이기도 하다. 어쨌거나 한 가지 분명한 건 바이러스는 생명의 진화 역사와 늘 함께했다는 사실이다. 우리 DNA의 8%도 바이러스로부터 왔으니 말이다.

# 전 세계에서
# 가장 위험한 혈액형은?

혈액형이 뭐냐고 물어보면
A형, B형, AB형, O형 중
하나를 대답한다.

하지만 혈액형에는
ABO식 외에 Rh⁺와 Rh⁻
혈액형도 있다.
이 중 Rh⁻는 희귀한
혈액형으로 알려져 있다.

니들만
피냐!?

$Rh^+ = 85\%$
$Rh^- = 15\%$

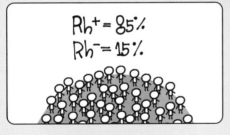

그러나 Rh⁻ 혈액형도
전 세계로 범위를 넓히면
15%나 존재한다. 따라서
엄청 희귀한 혈액형은 아니다.

세계에서 가장 희귀한
혈액형은 전 세계 인구 중
오직 43명만 지니고 있는
'Rh-null' 혈액형이다.

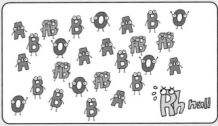

## 지구상에 단 43명만 지닌 혈액형이 있다

Rh-null 혈액형은 현재까지 전 세계에서 단 43명만 지닌 것으로 알려져 있다. 너무 희귀해 과학자들은 이 혈액형을 'Golden blood', 즉 '황금피'라고 부른다. 도대체 어떻게 생겨 먹은 혈액형이길래 이렇게 희귀할까? 이를 설명하려면 먼저 $Rh^+$와 $Rh^-$를 판별하는 방법을 짚고 넘어가야 한다.

많은 사람이 이렇게 생각한다. A형 적혈구에는 A항원이 있고, B형 적혈구에는 B항원, AB형 적혈구에는 A, B항원을 모두 지니고 있다. O형은 A, B항원 모두 없다. 이와 마찬가지로 Rh식 혈액형도 'Rh'라는 단 한 종류의 항원에 따라 Rh항원이 적혈구에 있으면 $Rh^+$, 없으면 $Rh^-$가 결정된다고 생각한다. 하지만 실은 그렇지 않다.

Rh식 혈액형을 결정하는 항원은 무려 50개다. 그런데 이 중 중요한 항원은 C, c, E, e, D 총 5가지다. 이 5가지 중 D항원의 유무로 $Rh^+$와 $Rh^-$를 구분하는데, 적혈구 표면에 D항원이 있으면 $Rh^+$, D항원이 없으면 $Rh^-$다. 그래서 D항원이 없는 $Rh^-$인 사람이 $Rh^+$인 사람에게

적혈구 표면의 A, B항원의 유무를 기준으로 ABO식 혈액형을 구분한다.

수혈을 받으면 위험하다. 수혈받은 적혈구의 D항원과 체내에 있는 D 항원에 대한 항체가 응집 반응을 일으킬 수 있기 때문이다.

흥미로운 사실은 Rh⁻인 사람은 D항원만 없을 뿐 앞서 나온 4개의 항원 중 최소 하나 이상은 갖고 있다. 그러니까 Rh⁺든 Rh⁻든 전 세계인의 99.9999994%는 Rh항원 중 일부를 지니고 있는 셈이다.

그러나 지구상 단 43명! 이들은 Rh식 항원 5개는 물론 Rh식 혈액형과 관련된 50여 개의 항원 모두를 전혀 갖고 있지 않다. 그래서 '아무것도 없는'이란 뜻의 'null'이란 단어가 붙어 'Rh-null 혈액형'이라고 부른다. 이들은 Rh⁻ 혈액도 수혈받을 수 없다. Rh⁻의 적혈구에는 D항원을 제외한 C, E 등의 다른 항원이 있기 때문에 Rh-null 혈액

적혈구 표면에 5개의 주요 항원 중 D항원이 없으면 Rh⁻ 로 분류된다. 주요 5개의 항원을 포함해 Rh식 혈액형과 관련된 50여 개의 항원이 모두 없으면 Rh-null 혈액형이다.

속 항체와 응집 반응이 일어나기 때문이다. 이는 A형인 사람이 B형의 피를 수혈받았을 때 A형 혈청에 있는 β란 항체(응집소)와 B형 적혈구의 B항원이 응집 반응을 일으키는 원리와 같다. 그렇다면 어째서 이 혈액형의 적혈구에는 항원이 하나도 없는 걸까?

## Rh-null 혈액형의 원인은?

그 원인은 놀랍게도 DNA 염기서열의 아주 작은 변이에 있다. 뉴욕혈액센터 연구진의 분석에 의하면 Rh항원을 결정하는 유전자 서열 중 GTT의 G가 아데닌(A) 염기로 변이를 일으키거나(GTT→ATT) GGA의 염기 중 G가 A로 치환되는(GGA→AGA) 돌연변이 때문에 전혀 다른 아미노산이 생성(발린Val → 아이소류신Ile/ 글리신Gly → 아르지닌Arg)

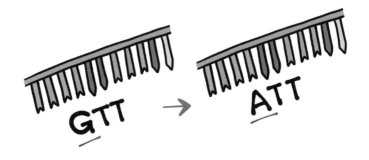

된다. 그 결과 Rh와 관련된 항원 단백질이 전혀 만들어지지 않는다. DNA의 아주 작은 변화가 세상에서 가장 희귀한 혈액형의 원인이 된 것이다.

사실 Rh식 혈액형이 연구되기 시작한 20세기 중반까지만 해도 많은 의사들은 Rh항원이 모두 결여되면 배아세포가 정상적으로 자라기 어려워 이런 특이한 혈액형을 지닌 사람은 없을 거라고 생각했다. 하지만 1961년 호주의 한 원주민 여성에게서 이 혈액형이 처음 발견되면서 그 추측은 완전히 깨졌다. 그리고 60년이 지난 지금 43명이 Rh-null 혈액형을 지닌 것으로 파악된다. 우리나라에선 아직 보고된 바 없고, 스위스, 일본, 미국, 유럽 등에 있는 것으로 알려져 있다. 그런데 이들은 어떻게 자신이 Rh-null 혈액형이란 걸 알았을까?

대부분은 빈혈 증상을 겪다가 알게 됐다. 왜냐하면 세포 표면에 Rh항원이 전혀 없는 적혈구는 세포막이 매우 약해서 구조가 이상해지거나 쉽게 파괴돼 용혈성 빈혈을 일으키기 때문이다. 그래서 Rh-null 혈액형을 지닌 이들은 쉽게 피로해지고 숨이 차며, 황달 증상을

자주 겪는다. 사고가 크게 나서 피를 많이 흘리면 수혈받을 곳이 없어 목숨이 위태로워진다.

실제 Rh-null 혈액형을 가진 한 스위스 남성은 부모의 반대로 어렸을 때 여름 캠프에 가거나 야외 운동을 전혀 할 수 없었고, 성인이 된 후에도 쉽게 여행을 떠나기 어려웠다고 한다. 이런 이유로 Rh-null

혈액형을 지닌 사람 중 일부는 평균 1년에 2번씩 헌혈을 해서 피를 저장하는 방법으로 만일의 사태를 대비한다. 특이한 혈액형을 지니고 태어난 사람은 나름의 방법으로 내일을 준비하는 것이다. 평범하게(?) 태어났음이 새삼 감사하게 여겨지는 대목이다.

# 세상을 보는 색다른 안경, 과학

과학 기자로 재직 당시, 미국 서부의 한 과학관으로 취재를 갔을 때
의 일입니다. 저는 그곳에서 신기한 광경과 마주했습니다. 우리나라

[ 샌프란시스코에 위치한 캘리포니아 과학 아카데미 ]

의 과학관에는 보통 아이들이 많습니다. 혹은 아이들을 데리고 온 학부모들이 앉아서 아이들을 기다리는 모습이 대부분이죠. 그런데 미국의 과학관은 특이했습니다. 아이들은 물론 나이 지긋한 노인부터 성인 남녀까지 다양한 연령층이 과학관을 돌아다녔기 때문입니다. '도대체 이 사람들은 여기에 왜 있는 거지?'란 궁금증이 생겨 취재에 동행했던 가이드에게 물었습니다.

"미국 과학관에는 연령층이 다양하네요? 한국엔 주로 아이들만 과학관을 찾거든요."

"여기 사람들은 과학도 교양이자 취미가 될 수 있다고 생각해요. 한국은 안 그런가요?"

한 대 크게 얻어맞은 기분이었습니다. "그래, 과학도 교양이지!" 지금은 많이 바뀌고 있지만, 우리는 여러 학문 간의 융합과 통합을 외치면서 아직 예술과 인문학에만 교양이라는 명패를 달고 있는 건 아닐까요? 여러 사람들이 모인 자리에서 미술 작품이나 음악, 영화, 역사 이야기를 하면 '교양 있다'는 말을 듣지만, 과학 이야기를 하면 '괴짜'소리를 듣는 경우가 다반사니까요.

과학의 대중화에 앞장서고 있는 물리학자 김상욱 교수는 이렇게 말합니다. "교양은 앎으로써 자신을 성찰하고 성찰의 결과를 행동으로 이끄는 모든 지식이다. 그렇다면 이와 같은 맥락에서 생명을 바라보는 시각 등 인류의 보편적 가치관을 변화시키고 이로 하여금 성찰을 이끌어내는 과학 역시 교양이다"라고 말이죠. 이 책을 이제 막 덮은 여러분에게 과학이 소소한 교양이자 세상을 바라보는 색다른 안경으로 다가왔으면 좋겠습니다.

〈과학드림〉이란 유튜브 채널을 운영하면서 가슴 속에 품은 목표 중 하나가 바로 저만의 책을 출간하는 것이었습니다. 그리고 채널 성장을 견인해주신 수많은 구독자분들 덕분에 그 목표를 생각보다 빨리 이뤄낼 수 있어 큰 감사함을 느낍니다. 사실 책을 펴내기까지 우여곡절이 많았는데, 그 과정마다 매번 저에게 도움을 주신 유예진 팀장님께 진심으로 감사 인사를 드립니다. 또 책의 제목부터 디자인과 구성까지 책 전반을 책임진 편집부 식구를 비롯해 센스 있는 일러스트로 글에 재미를 더해준 이유철 일러스트 작가님께 고마움을 전합니다. 끝으로 저를 호기심 가득한 아이로 키워 주신 부모님과 과학 기자 생활부터 지금의 유튜버가 되기까지 저의 모든 활동을 묵묵히 응원하고 아낌없이 격려해준 아내 그리고 저에게 새로운 삶의 행복을 선사해 준 딸에게 사랑한다는 말을 전하고 싶습니다.

지금까지 과학드림이었습니다. 감사합니다.

# 참고문헌

## CHAPTER 1 | 사람은 왜 이래?

아기는 왜 귀여울까?

Konrad Lorenz, (1970). "Studies in Animal and Human Behavior."

스티븐 제이 굴드, 《판다의 엄지》, 김동광 옮김, 사이언스북스, 2016

Melanie L. Glocker et al., (2009). "Baby schema modulates the brain reward system in nul-
  liparous women."

인간의 털은 왜 사라졌을까?

이상희, 윤신영, 《인류의 기원》, 사이언스북스, 2015

니나 자블론스키, 《Skin》, 진선미 옮김, 양문, 2012

인간의 눈에만 흰자위가 있다고?

장대익, 《울트라 소셜》, 휴머니스트, 2017

Kobayashi, H., and S. Kohshima., (2001). Unique morphology of the human eye and its adap-
  tive meaning: Comparative studies on external morphology of the primate eye. Journal
  of Human Evolution 40:419-435.

Tomasello, M., B. Hare and J. C. Lehmann., (2007). Reliance on head versus eyes in the gaze
  following of great apes and human infants: The cooperative eye hypothesis. Journal of
  Human Evolution 52:314-320.

Téglás, E., et al., (2012). Dogs' gaze following is tuned to human communicative signals.

Current Biology 22:1–4.
팻 쉽먼 교수, https://www.americanscientist.org/article/do-the-eyes-have-it.

## 사람을 먹으면 안 되는 이유는?

강준만,《미국은 드라마다》, 인물과사상사, 2014
Richard A. Marlar et al., (2000). "Biochemical evidence of cannibalism at a prehistoric Puebloan site in southwestern Colorado."
Silvia M. Bello et al., (2011). "Earliest Directly-Dated Human Skull-Cups."
Silvia M. Bello et al., (2015). "Upper Palaeolithic ritualistic cannibalism at Gough's Cave(Somerset, UK): The human remains from head to toe."
James Cole, (2017). "Assessing the calorific significance of episodes of human cannibalism in the Palaeolithic." Prion Diseases., Ch.23, Paweł P. Liberski, James W. Ironside THE PRION DISEASES Ch.4, Lewis.

## 왼손잡이는 왜 오른손잡이보다 적을까?

James W. Kalat,《생물심리학》, 김문수 옮김, 박학사, 2019
McManus, (2003). "The inheritance of left-handedness."
Amar J. S. Klar., (2003). "Human Handedness and Scalp Hair-Whorl Direction Develop From a Common Genetic Mechanism."
이정화, 한희승, 이은숙., (2010). "왼손잡이 유아와 오른손잡이 유아의 언어능력 및 공간능력의 비교"
David W. Frayer et al., (2010). "Right handed Neandertals: Vindija and beyond."
V Llaurens et al., (2013). "Why are some people left-handed? An evolutionary perspective."

## 인간의 뇌를 특별하게 만든 건?

리처드 랭엄,《요리 본능》, 조현욱 옮김, 사이언스북스, 2011
J. D. CLARK and J. W. K. HARRIS., (1985). "Fire and its roles in early hominid lifeways."
Aiello LC, Wheeler P., (1995). "The expensive-tissue hypothesis: the brain and the digestive system in human and primate evolution."
Richard W. Wrangham et al., (2009). "The energetic significance of cooking."
Richard W. Wrangham et al., (2013). "Earliest fire in Africa: towards the convergence of archaeological evidence and the cooking hypothesis."
Rachel N. Carmody et al., (2016). "Genetic Evidence of Human Adaptation to a Cooked Diet."
Sarah Hlubik et al., (2019). "Hominin fire use in the Okote member at Koobi Fora, Kenya: New evidence for the old debate."

## 장염 환자에게 기생충 알 2,500개를 먹이면?

서민,《서민의 기생충 열전》, 을유문화사, 2013
정준호,《기생충, 우리들의 오래된 동반자》, 후마니타스, 2011

Summers RW, et al., (2005). "Trichuris suis therapy in Crohn's disease."

Summers RW et al., (2005). "Trichuris suis therapy for active ulcerative colitis: a randomized controlled trial. Gastroenterology."

Brutus, L. et al. (2006). "Parasitic co-infections: does Ascaris lumbricoides protect against Plasmodium falciparum infection?"

## CHAPTER 2 | 공룡은 왜 이래?

### 옛날 옛적, 물고기는 왜 육지로 올라왔을까?

뉴턴 편집부, 뉴턴 하이라이트 《생명이란 무엇인가?》

Jennifer A. Clack et al., (2007). "Devonian climate change, breathing, and the origin of the tetrapod stem group."

Jennifer A. Clack, (2009). "The Fish–Tetrapod Transition: New Fossils and Interpretations."

Jeffrey B. Graham et al., (2014). "Spiracular air breathing in polypterid fishes and its implications for aerial respiration in stem tetrapods."

### 티라노사우루스의 앞발은 왜 이렇게 짧았을까?

박진영, 《박진영의 공룡열전》, 뿌리와이파리, 2015

Osborn, H. F.; Brown, B., (1906). "Tyrannosaurus, Upper Cretaceous carnivorous dinosaur."

Carpenter, Kenneth., (2002). "Forelimb biomechanics of nonavian theropod dinosaurs in predation."

Fowler, Denver W., et al., (2011). "Reanalysis of 'Raptorex kriegsteini': A juvenile tyrannosaurid dinosaur from Mongolia."

Ruiz, Javier, et al., (2011). "The hand structure of Carnotaurus sastrei (Theropoda, Abelisauridae): Implications for hand diversity and evolution in abelisaurids." Palaeontology 54.6

Brusatte, Stephen L. et al., (2016). "The phylogeny and evolutionary history of tyrannosauroid dinosaurs."

### 스피노사우루스는 등에 달린 돛을 어디에 썼을까?

Jan Gimsa et al., (2015). "The riddle of Spinosaurus aegyptiacus dorsal sail."

Donald M. Henderson., (2018). "A buoyancy, balance and stability challenge to the hypothesis of a semi-aquatic Spinosaurus Stromer, 1915 (Dinosauria: Theropoda)."

### 대멸종 후 등장한 생물은 왜 이렇게 이상하게 생겼을까?

뉴턴 편집부, 뉴턴 하이라이트 《비쥬얼 생물》

Dawn M Reding et al., (2008). "Convergent evolution of 'creepers' in the Hawaiian honeycreeper radiation."

Adam C. Pritchard et al., (2016). "Extreme Modification of the Tetrapod Forelimb in a Triassic Diapsid Reptile."

## 왜 삼엽충은 모두 사라졌을까?

리처드 포티, 《삼엽충, 고생대 3억 년을 누빈 진화의 산증인》, 이한음 옮김, 뿌리와이파리, 2007

일본 뉴턴프레스, 《Newton Highlight 생명이란 무엇인가?》, 뉴턴코리아, 2010

이은희, 《하리하라의 눈 이야기》, 한겨레출판, 2016

최덕근, 《10억 년 전으로의 시간 여행》, 휴머니스트, 2016

Thomas J. Algeo et al., (1998). "Terrestrial±marine teleconnections in the Devonian: links between the evolution of land plants, weathering processes, and marine anoxic events."

Robert A. Rohde et al., (2008). "Cycles in fossil diversity."

Julie A. Trotter et al., (2008). "Did Cooling Oceans Trigger Ordovician Biodiversification? Evidence from Conodont Thermometry."

Alexei V.Ivanov et al., (2013). "Siberian Traps large igneous province: evidence for two flood basalt pulses around the Permo-Triassic boundary and in the Middle Triassic, and contemporaneous granitic magmatism."

Justin L. Penn et al., (2018). "Temperature-dependent hypoxia explains biogeography and severity of end-Permian marine mass extinction."

## 배딱지 vs 등딱지, 무엇이 먼저 진화했을까?

이태원, 《낮은 시선 느린 발걸음 거북》, 씨밀레북스, 2011

도널드 R, 프로세로, 《진화의 산증인, 화석 25》, 김정은 옮김, 뿌리와이파리, 2018

Donald C. Jackson, (2000). "How a Turtle's Shell Helps It Survive Prolonged Anoxic Acidosis."

Tobias Landberg et al., (2003). "Lung ventilation during treadmill locomotion in a terrestrial turtle, Terrapene carolina."

Chun Li et al., (2008). "An ancestral turtle from the Late Triassic of southwestern China."

박진영, 허민, 고생물학회지 (2014). 《거북류 갑의 진화적 기원을 추적하다》,

Tyler R. Lyson et al., (2016). "Fossorial Origin of the Turtle Shell."

Marcela S. Magalhaes et al., (2017). "Embryonic development of the Giant South American River Turtle, Podocnemis expansa (Testudines: Podocnemididae)."

Ylenia Chiar et al., (2017). "Self-righting potential and the evolution of shell shape in Galapagos tortoises."

## 최초의 생명은 어디에서 왔을까?

Campbell, Reece, Urry, Cain, 《캠벨 생명과학 10판》, 전상학 옮김, 바이오사이언스, 2016

채사장, 《지적 대화를 위한 넓고 얕은 지식 0》, 웨일북, 2019
데이비드 버코비치, 《모든 것의 기원》, 박병철 옮김, 책세상, 2017


## CHAPTER 3 | 동물은 왜 이래?

### 대머리독수리는 왜 대머리가 됐을까?

Darcy Ogada et al., (2015). "Another Continental Vulture Crisis: Africa's Vultures Collapsing toward Extinction."
Dominic J. McCafferty et al., (2008). "Why do vultures have bald heads? The role of postural adjustment and bare skin areas in thermoregulation"

### 알면 알수록 기묘한 동물, 문어

EVERET C. JONES, (1963). "Tremoctopus violaceus Uses Physalia Tentacles as Weapons."
ROGER T. HANLON, (1999). "Crypsis, conspicuousness, mimicry and polyphenism as anti-predator defences of foraging octopuses on Indo-Pacific coral reefs, with a method of quantifying crypsis from video tapes."
Julian K. Finn et al., (2009). "Defensive tool use in a coconutcarrying octopus."
Roland C. Anderson et al., (2014). "Octopuses (Enteroctopus dofleini) Recognize Individual Humans."
M. Desmond Ramirez et al., (2015). "Eye-independent, light-activated chromatophore expansion (LACE) and expression of phototransduction genes in the skin of Octopus bimaculoides."
Mauricio Gonzalez-Forero et al., (2018). "Inference of ecological and social drivers of human brain-size evolution."
Dominic Sivitilli et al., (2019). "RESEARCHERS MODEL HOW OCTOPUS ARMS MAKE DECISIONS."
Piero Amodio et al., (2019). "Grow Smart and Die Young: Why DidCephalopods Evolve Intelligence?"
Wen-Sung Chung et al., (2020). "Toward an MRI-Based Mesoscale Connectome of the Squid Brain."

### 얼룩말은 왜 줄무늬를 지니게 됐을까?

Martin J. Howa, Johannes M. Zanker, (2013). "Motion camouflage induced by zebra stripes."
Gábor Horváth et al., (2018). "Experimental evidence that stripes do not cool zebras."
Harris, R. H. T. P., (1930). "Report on the Bionomics of the Tsetse Fly.Pietermaritzburg, South Africa: Provincial Administration of Natal."
Ádám Egri et al., (2012). "Polarotactic tabanids find striped patterns with brightness and/or

polarization modulation least attractive: An advantage of zebra stripes."

Martin J. How, Johannes M. Zanker, (2014). "Motion camouflage induced by zebra stripes."

Tim Caro et al., (2019). "Benefits of zebra stripes: Behaviour of tabanid flies around zebras and horses."

### 기린의 목이 길어진 진짜 이유는?

Chapman Pincer, (1949). "Evolution of the Giraffe."

Robert E. Simmons et al., (1996). "Winning by neck: Sexual selection in the evolution of giraffe."

Craig Holdrege, (2003). "The Giraffe's Short Neck."

Graham Mitchell et al., (2009). "Sexual selection is not the origin of long necks in giraffes."

Robert E. Simmons et al., (2010). "Necks-for-sex or competing browsers? A critique of ideas on the evolution of giraffe."

Graham Mitchell et al., (2017). "Body surface area and thermoregulation in giraffes."

### 넙치의 얼굴은 어쩌다 삐뚤어졌을까?

리처드 도킨스, 《눈먼 시계공》, 사이언스북스, 2004

Matt Friedman, (2008). "The evolutionary origin of flatfish asymmetry."

Jeff Hecht, (2008). "Flatfish caught evolving, thanks to its roving eye."

Alexander M. Schreiber, (2013). "Flatfish: An Asymmetric Perspective on Metamorphosis."

Jubin Xing et al., (2020). "Eye location, cranial asymmetry, and swimming behavior of different variants of Solea senegalensis."

### 입으로 새끼를 낳는 개구리가 있다고?

MICHAEL J. TYLER & DAVID B. CARTER, (1981). "ORAL BIRTH OF THE YOUNG OF THE GASTRIC BROODING FROG, RHEOBATRACHUS SILUS."

MICHAEL J. TYLER & DAVID J. C. SHEARMAN, (1983). "Inhibition of Gastric Acid Secretion in the Gastric Brooding Frog, Rheobatrachus silus."

https://www.nationalgeographic.com/science/phenomena/2013/03/15/resurrecting-the-extinct-frog-with-a-stomach-for-a-womb.

## CHAPTER 4 | 곤충은 왜 이래?

### 지구에 곤충은 왜 이렇게 많을까?

스콧 R. 쇼, 《곤충연대기》, 양병찬 옮김, 행성B이오스, 2015

김도윤, 《만화로 배우는 곤충의 진화》, 한빛비즈, 2018

## 일개미는 왜 여왕개미에게 헌신하며 일만 할까?

김도윤, 《만화로 배우는 곤충의 진화》, 한빛비즈, 2018

최재천, 《개미 제국의 발견》, 사이언스북스, 1999

최재천, 《최재천의 인간과 동물》, 궁리출판, 2007

## 반딧불이는 왜 빛날까?

Eisner, Thomas, et al., (1997). Firefly 'femmes fatales' acquire defensive steroids (lucib-
ufagins) from their firefly prey.

Lewis, Sara M. and Christopher K. Cratsley, (2008). Flash signal evolution, mate choice, and
predation in fireflies. Annual Review of Entomology, 53, 293-321.

Ballantyne,Lesley et al., (2011). "PteroptyxmaipoBallantyne, a new species of bent-winged
firefly(Coleoptera: Lampyridae) from Hong Kong, and its relevance to firefly biology
and conservation."

Yuichi Oba et al., (2011). "The Terrestrial Bioluminescent Animals of Japan."

Nooria Al-Wathiqui et al., (2016). "Molecular characterization of firefly nuptial gifts: A mul-
tiomics approach sheds light on postcopulatory sexual selection."

Manabu Bessho-Uehara et al., (2017). "Identification and characterization of the Luc2-type
luciferase in the Japanese firefly, Luciolaparvula, involved in a dim luminescence in
immobile stages."

Bessho-Uehara et al., (2017). "Biochemical characteristics and gene expression profiles of
two paralogous luciferases from the Japanese firefly Pyrocoeliaatripennis (Coleop-
tera, Lampyridae, Lampyrinae): Insight into the evolution of firefly luciferase genes."

## 체체파리는 알이 아니라 애벌레를 낳는다고?

UzmaAlam et al., (2011). "WolbachiaSymbiont Infections Induce Strong Cytoplasmic Incom-
patibility in the Tsetse Fly Glossinamorsitans."

Geoffrey attardo et al., (2014). "Genome Sequence of the Tsetse Fly (Glossinamorsitans):
Vector of African Trypanosomiasis."

Geoffrey attardo et al., (2015). "A comparative analysis of reproductive biology of insect
vectors of human disease."

Geoffrey attardo et al., (2016). "The Spermatophore in Glossinamorsitansmorsitans: In-
sights into Male Contributions to Reproduction."

Anna Zaidman-Rémy et al., (2018). "What can a weevil teach a fly, and reciprocally? Inter-
action of host immune systems with endosymbionts in Glossina and Sitophilus."

## 바퀴벌레마저 좀비로 만들어버리는 기생말벌?

Ram Gal et al., (2005). "Parasitoid Wasp Uses a Venom Cocktail Injected Into the Brain to
Manipulate the Behavior and Metabolism of Its Cockroach Prey."

Gudrun Herznera et al., (2012). "Larvae of the parasitoid wasp Ampulexcompressa sanitize their host, the American cockroach, with a blend of antimicrobials."

Ram Gal et al., (2014). "Sensory Arsenal on the Stinger of the Parasitoid Jewel Wasp and Its Possible Role in Identifying Cockroach Brains."

Kenneth C. Catania., (2018). "How Not to Be Turned into a Zombie."

## 초파리를 조종하는 끔찍한 곰팡이 이야기

Andrii P. Gryganskyi et al., (2013). "Sequential Utilization of Hosts from Different Fly Families by Genetically Distinct, Sympatric Populations within the Entomophthoramuscae Species Complex."

Carolyn Elya et al., (2017). "Robust manipulation of the behavior of Drosophila melanogaster by a fungal pathogen in the laboratory."

AndriiGryganskyi et al., (2017). "Hijacked: Co-option of host behavior by entomophthoralean fungi."

## 똥으로 자신을 방어하는 놀라운 곤충들

Starrett, Andrew, (1993). "Adaptive resemblance: a unifying concept for mimicry and crypsis."

Fredric V. vencl et al., (1999). "Shield defense of a larval tortoise beetle."

Thomas Eisner et al., (2000). "Defensive use of a fecal thatch by a beetle larva(Hemisphaerotacyanea)."

Martha R. Weiss, (2003). "Good housekeeping: why do shelter-dwelling caterpillars fling their frass?"

Martha R. Weiss et al., (2003). "Uniformity of Leaf Shelter Construction by Larvae of Epargyreusclarus (Hesperiidae), the Silver-Spotted Skipper."

KaniyarikkalDivakaranPrathapan et al., (2011). "Biology of Blepharida-group flea beetles with first notes on natural history of PodontiacongregataBaly, 1865 an endemic flea beetle from southern India (Coleoptera, Chrysomelidae, Galerucinae, Alticini)."

Caroline Chaboo, (2011). "Defensive Behaviors in Leaf Beetles: 1From the Unusual to the Weird."

Min-Hui Liu et al., (2014). "Evidence of bird dropping masquerading by a spider to avoid predators."

## CHAPTER 5 | 식물은 왜 이래?

바나나는 씨가 없는데 어떻게 재배할까?

Ploetz, R. C., (2005). "Panama disease, an old nemesis rears its ugly head: Part 1, the be-

ginnings of the banana export trades."
Porcher, Michel H. et al., (2002). "Sorting Musa names."

## 은행나무는 잎이 넓은데 왜 침엽수일까?
소웅영, 윤실,《은행나무의 과학 문화 신비》, 전파과학사, 2011
Yongjie Wang et al., (2012). "Jurassic mimicry between a hangingfly and a ginkgo from China."
Zhiyan Zhou et al., (2003). "The missing link in Ginkgo evolution."

## 왜 무화과 안에서 죽은 말벌이 발견될까?
리처드 도킨스,《이기적 유전자》, 홍영남, 이상임 옮김, 을유문화사, 2018
David Johnson, (2016). "The wonderful world of figs."
James M. Cook et al., (2003). "Mutualists with attitude: coevolving fig wasps and figs."
Michael J. Wade, (2007). "The co-evolutionary genetics of ecological communities."

## 옛날 옛적엔 나무만 한 곰팡이가 살았었다고?
Francis M. Hueber, (2001). "Rotted wood-alga-fungus: the history and life of Prototaxites Dawson 1859."
C. Kevin Boyce et al., (2007). "Devonian landscape heterogeneity recorded by a giant fungus."
C. Kevin Boyce et al., (2010). "Carbon sources for the Palaeozoic giant fungus Prototaxites inferred from modern analogues."
Linda E. Graham et al., (2010). "Structural, Physiological, and Stable carbon isotopic evidence that the enigmatic paleozoic fossil Prototaxites formed from rolled liverwort mats."

## 최초의 바이러스는 어디에서 왔을까?
Campbell, Reece, Urry, Cain,《캠벨 생명과학 10판》, 전상학 옮김, 바이오사이언스, 2016
Gustavo Caetano-Anolles et al., (2015). "A phylogenomic data-driven exploration of viral origins and evolution."
Frederik Schulz et al., (2017). "Giant viruses with an expanded complement of translation system components."

## 전 세계에서 가장 위험한 혈액형은?
Cheng-Han Huang et al., (1999). "Molecular Basis for Rhnull Syndrome: Identification of Three New Missense Mutations in the Rh50 Glycoprotein Gene."